江苏省“十四五”时期重点出版物出版专项规划项目

江苏高校优势学科建设工程资助项目

南京林业大学标志性成果项目

教育部人文社会科学研究项目（17YJA760065）

国家林业和草原局林业遗产与森林环境史研究中心项目

南京园林史

许浩 著

南京大学出版社

图书在版编目(CIP)数据

南京园林史 / 许浩著. -- 南京 : 南京大学出版社,
2024.1
ISBN 978-7-305-26242-5

Ⅰ. ①南… Ⅱ. ①许… Ⅲ. ①园林建筑－建筑史－南
京 Ⅳ. ①TU-098.42

中国版本图书馆CIP数据核字(2022)第211722号

出版发行 南京大学出版社
社　　址 南京市汉口路22号　　　　邮编　210093

NANJING YUANLIN SHI
书　　名 **南京园林史**
著　　者 许　浩
责任编辑 陆蕊含　　　　**编辑热线** 025-83592401

照　　排 南京紫藤制版印务中心
印　　刷 南京爱德印刷有限公司
开　　本 880mm×1230mm　1/32开　印张 14.375　字数 280千
版　　次 2024年1月第1版
印　　次 2024年1月第1次印刷
ISBN 978-7-305-26242-5
定　　价 98.00元

网　　址 http://www.NjupCo.com
新浪微博 http://e.weibo.com/njuyzxz
官方微信号 njupress
销售咨询热线 025-83594756

作者简介

许浩，南京林业大学园林图像史学研究中心主任，风景园林学院教授、博导，入选艾瑞深校友会“中国高贡献学者”，江苏省第六期“333高层次人才培养工程”第二层次培养对象。著述成果入选国家社科基金、国际出版基金资助项目，获教育部第八届高等学校科学研究优秀成果奖（人文社会科学）二等奖、江苏省第十六届哲学社会科学优秀成果奖等多项省部级奖励。

目录

绪论

第一章 南京的地理与历史沿革

第二章 六朝时期的园林

第三章　隋唐至宋元时期的园林

第四章　明代南京园林

第五章　清代南京园林

第六章　民国时期的园林

第七章　南京皇家园林

第八章　南京陵寝园林

第九章　南京私家园林

第十章　南京山水寺观名胜

图版目录

第一章　南京的地理与历史沿革

第二章　六朝时期的园林

第三章　隋唐至宋元时期的园林

第四章　明代南京园林

第五章　清代南京园林

第六章　民国时期的园林

第七章 南京皇家园林

第八章　南京陵寝园林

第九章　南京私家园林

第十章　南京山水寺观名胜

附　录

绪 论

本书的目的与意义

中国园林风格独树一帜、体系宏大,是中华文化的重要组成部分,在世界园林体系中占有重要的地位。中国园林营造历史可追溯至公元前11世纪左右殷末周初出现的"囿",在数千年发展中,涌现出北方皇家园林、江南私家园林、岭南园林等诸多风格独特的地域流派,体现了丰富的营造思想和精湛的技艺。

长期以来,园林史研究者或者采用通史或者断代史的体例,对中国园林发展历史进行梳理,或者针对地方性历史园林进行研究。如周维权[①]、汪菊渊[②]、朱钧珍[③④]等,分别对中国古典园林、近代园林发展历史进行了梳理和分析。刘墩桢[⑤]、陈从周[⑥]对苏州古典园林、扬州园林进行了历史总结和营造分析。杨鸿勋对

① 周维权:《中国古典园林史》,清华大学出版社,1990年。

② 汪菊渊:《中国古代园林史》,中国建筑工业出版社,2012年。

③ 朱钧珍:《中国近代园林史(上篇)》,中国建筑工业出版社,2012年。

④ 朱钧珍:《中国近代园林史(下篇)》,中国建筑工业出版社,2019年。

⑤ 刘墩桢:《苏州古典园林》,中国建筑工业出版社,2005年。

⑥ 陈从周:《扬州园林与住宅》,同济大学出版社,2018年。

江南园林的诸多案例和营造手法进行了梳理和总结。[①]在对地域性园林进行历史书写的著述中，研究者普遍将视角集中于北方皇家园林，以及苏州、扬州、杭州、岭南等地域园林流派，南京的造园史是一个比较忽视的领域。

南京建城史超过2500年，历史上有十个朝代（含割据政权）以其为都，被称为“十朝古都”。作为一座历史文化非常发达的城市，南京城具有丰富的园林营造活动，历史上涌现出大量的园林名胜。这些园林名胜是君主、贵族、文人、百姓的雅游、休憩和文化活动的场域，承载了丰富的社会功能。本书着眼于南京园林史的梳理，目的在于从本地史料入手，按照通史的体例，阐述从六朝时期至民国时期南京园林的发展历程，在此基础上，通过对园林个案的诠释和解读，最终系统性地呈现南京园林的历史面貌与内涵。

本书的意义体现在以下三个方面。其一，首次系统呈现南京园林发展的历史进程。本书对南京本地图像、文献进行了分类整理，通过史料呈现了南京历史园林的基本面貌与艺术成就，填补了中国园林艺术史体系中关于南京园林通史的空白，有助于进一步丰富中国园林艺术史的体系研究。

其二，促进地域历史文化保护和传承。南京的一些历史园林，如瞻园、胡家花园等得到了保护和修复，成为重要的园林文化遗产。然而，南京历史上大量的具有独特价值的园林与名胜景观湮没于历史长河中，今天只能从文字与图像中一窥当日的

① 杨鸿勋：《江南园林论》，上海人民出版社，1994年。

面貌。本书对园林史的系统梳理和分析,有助于深入挖掘南京园林的历史文化内涵,有助于读者更加全面地认识和保护优秀的风景园林文化遗产。

第三，丰富南京地域史体系研究。园林是人们休闲、游憩、游观与交往的场域,体现了共同的社会行为规范、审美趣味与文化特质。南京园林的历史形态是地域文明形态的缩影,延续了地域社会文化基因。因此,园林史同时也是地域史的重要组成部分。南京园林史的整理,有助于进一步完善南京地域文化史、文明史的体系研究。

本书的内容与方法

本书包括十章内容。绪论部分阐述了本书的目的、意义、内容和方法。第一章阐述了南京的地理与历史沿革,作为园林史梳理的环境与历史背景框架。第二章至第六章按照历史阶段梳理了六朝至民国时期南京园林的发展历程。东吴时期是南京园林的早期发展阶段,东晋时期园林类型趋向丰富,南朝园林风格精巧奢华(第二章)。隋唐至宋元时期,南京城市地位下降,城市格局有了变化,园林类型包括山水风景、历史怀古地、城市园林和寺观园林(第三章)。明代南京成为都城,风景名胜开发较多,私家园林有了较大的发展,佛寺园林也较为兴盛(第四章)。清代康乾南巡留下了栖霞、江宁两处行宫御苑,风景名胜形成了“金陵四十八景”(第五章)。民国时期,南京作为首都,引入了西方城市规划和管理制度,兴建了城市公园和林荫道(第六章)。

第七章至第十章针对南京园林名胜个案进行解读。第七章选取了皇家园林中的华林园、江宁行宫、栖霞山寺与栖霞行宫，第八章聚焦于陵寝园林中的明孝陵和中山陵园，第九章围绕私家园林中的瞻园、胡家花园、随园、东园，第十章选取了钟山、幕府山、清凉山、玄武湖、秦淮河等山水寺观名胜分别进行阐述。

本书主要采取通史结合个案分析的方法。第二至第六章按照时间进程阐述南京园林发展历程，时间范围上迄六朝，下至民国时期。对各个阶段的园林发展，则采取分类型梳理的方法，按照皇家园林、风景名胜、私家园林、寺观园林、陵寝园林、近代公园诸类型进行整理。个案分析中，首先是根据类型选取最具有代表性的个案，对每个案例从历史演变、营造格局、社会功能等角度，尽可能全面地阐述园林特征与价值。

本书注重图像与文献史料并用。文献史料主要包括地方志、诗词文学作品等，从中可以提炼出园林名胜的名称、位置、营造者、功能、意匠等信息。本书采用的图像包括古代木刻版画、水墨作品、民国摄影照片。金陵是文人荟萃之地，留下来大量以风景寺观为主题的版刻与水墨图像作品。这些刻绘和摄影图像呈现了园林名胜的历史景观面貌，在一定程度上弥补了文献史料对景观形象难以表达的不足之处。

《南京园林史》内容繁杂，水平所限，遗漏之处、失误之处在所难免，敬请广大读者谅解。研究生白雪峰、刘伟、朱笑禾、施袁顺、董岱参与了本书的资料梳理工作，在此表示感谢。

第一章　南京的地理与历史沿革

第一节　南京的自然地理概况

南京(古代又称为金陵、秣陵、建业、建邺、建康、应天、江宁)位于中国东部、江苏省西南的宁镇扬及宜溧低山丘陵岗地区,地质构造上属于扬子古陆东端的下扬子台褶带,以浅变质岩为基底。自元古代震旦纪(约8亿年前—6亿年前)至中生代三叠纪(2.5亿年前—2亿年前),下扬子台褶带一直沉陷,经过海陆交相沉积,印支运动和燕山运动促进了沉积层褶皱隆起,奠定了南京的地貌山体基本轮廓。中生代构造运动之后的准平原化运动,形成了雨花台砾石层。第三纪末以后出现的间歇性隆升和玄武岩溢流,形成了低山丘陵和岗地、盆地、平原交错分布的地貌形态。因流水切割熔岩高地,南京境内存留一些小型平顶山——方山。[①]

南京的山水资源比较丰富。长江南岸的宁镇山脉长度一百余公里,属低山丘陵,总体西高东低,最高峰为东郊紫金山。紫金山向西沿绵,沿覆舟山(今九华山)、鸡笼山、鼓楼冈、五台山、清凉山一线,从东郊深入城内。沿长江一线有幕府山、栖霞山、象山、狮子山、马鞍山,与清凉山相接。宁镇山脉以南为秦淮河

① 赵媛:《江苏地理》,北京师范大学出版社,2011年,第19—20页。

冲积平原，北为长江冲积平原，地形平坦。山前与谷地之中分布着广阔的黄土岗地。[①]

长江、秦淮河、玄武湖等构成南京的主要水系。长江发源于青藏高原唐古拉山脉，干流向东流经青海、西藏、四川、云南、重庆、湖北、湖南、江西、安徽、江苏、上海，在上海崇明岛以东注入东海。长江在芜湖至南京段呈西南—东北走向。秦淮河在汉代称为淮水，唐代称为秦淮河，其源头有溧水河和句容河。溧水河源自东庐山，句容河源自茅山和宝华山，两河汇合后形成秦淮河干流，最终流入长江。玄武湖古名桑泊，又名后湖，位于南京城北，东靠紫金山，北为红山、幕府山，南、西两侧是古城墙。六朝时期，所开运渎、潮沟、青溪等运河皆通后湖。唐代之前，玄武湖与长江相通，江潮可自狮子山入。宋代江道向西北迁徙，曾废湖为田，元至正年间废田复湖。明代应天府城建成后，玄武湖东岸建太平堤，湖面缩小。[②]

---

① 江苏省地质矿产局：《宁镇山脉地质志》，江苏科学技术出版社，1989年，第1页。

② 南京市地方志编纂委员会：《南京水利志》，海天出版社，1994年，第144—146页。

第二节　南京的历史沿革

南京地区的人类活动可追溯至中更新世晚期(约35万年前),当时有原始直立人在汤山葫芦洞活动。距今6000年前,在北阴阳营、薛城一带出现了原始聚落。周景王四年(前541),吴国在现南京高淳区境内建有固城,称为濑渚邑,后被楚国攻克,称为楚国行都,俗称楚王城。秦汉时期,固城为溧阳县治所在。另据《春秋左传》记载,前559年,今六合程桥一带出现了城邑——棠邑。[①]东周元王四年(前472),越国在长干里筑城,为南京城建城之始。东周显王三十六年(前333),越国被楚国所灭,楚威王在清凉山一带筑城"金陵邑",为南京城建置之始,也是南京称为"金陵"之始(图1-1)。

前221年,秦始皇统一了中国,定都咸阳。秦采取郡县制,将天下分为36郡,后来增加到40郡,郡下面设置县,通过郡县制管理地方。秦始皇三十七年(前210),改金陵邑为秣陵县,属会稽郡。根据《舆地志》和《丹阳记》记载,秦始皇为断金陵王气,凿方山、秦淮,导淮水入江(图1-2)。[②]

前206年,刘邦建立西汉,以长安为都。公元25年,刘秀称帝,建都洛阳,史称东汉。汉朝继承了秦朝的体制,加强了中央集权统治。汉初,秣陵县属鄣郡,汉武帝时期鄣郡改为丹阳郡,

---

① 苏则民:《南京城市规划史稿　古代篇·近代篇》,中国建筑工业出版社,2008年,第47—49页。

② [清]陈文述:《秣陵集》卷一,南京出版社,2009年。

图 1-1 [明]《金陵古今图考·吴越楚地图》

图 1-2 [明]《金陵古今图考·秦秣陵县图》

属扬州。东汉末年，孙权领丹阳郡。建安十七年(212)，将政治中心迁至秣陵，改名为建业，为丹阳郡郡治。孙权建石头城作为军事堡垒，用于储存军事物资(图1-3)。

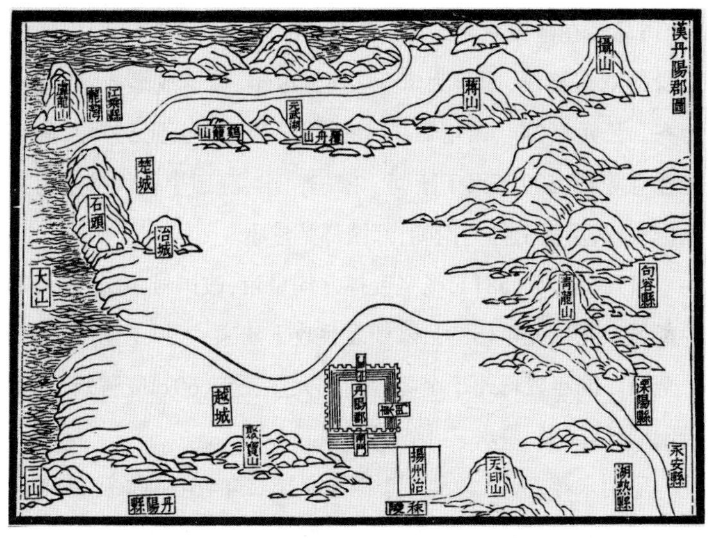

图1-3 [明]《金陵古今图考·汉丹阳郡图》

吴黄龙元年(229)，孙权在武昌(今湖北鄂城)称帝，当年即将都城迁至建业，建太初宫，为南京定都之始。公元263年魏国灭蜀，265年司马炎废掉魏元帝曹奂称帝，建立晋朝，史称西晋。280年，西晋灭吴，统一了全国，结束了分裂状态。

西晋定都洛阳。西晋太康二年(281)置江宁县，扬州刺史移镇建业创立州城，第二年改“建业”为“建邺”。“八王之乱”极大地破坏了西晋社会经济，严重削弱了西晋的统治基础。在连年战争中，北方汉族人口减少，其他民族大举内迁，社会更加动荡。

公元308年，匈奴贵族刘渊在平阳（今山西临汾）称帝，建立匈奴汉国。公元311年发生“永嘉之乱”，洛阳被匈奴汉国军队焚毁，晋怀帝被俘，公元316年，长安被攻灭，西晋灭亡。[①]

永嘉七年（313），为避晋帝讳，改“建邺”为“建康”。公元317年，司马睿在建康重建晋朝，史称东晋。公元420年，寒门庶族出身的刘裕篡权，国号为宋。公元479年，萧道成篡权，改国号为齐。公元502年，萧衍篡权，建立国号为梁。公元557年，陈霸先建立陈朝，589年灭于隋朝。宋、齐、梁、陈四个朝代都是南方割据政权，历史上称为南朝，都城都是建康。[②]

隋开皇元年（581），杨坚废掉北周皇帝，改国号为隋，以长安为都城。开皇九年（589），隋朝发兵攻下建康，灭掉了南陈，统一了全国。同年置蒋州于金陵。隋朝大业三年（607）废蒋州，设置丹阳郡，辖江宁、溧水、当涂三县（图1-4）。

隋朝末年，天下大乱。李渊于义宁二年（618）称帝，建立唐朝，以长安为都城。唐武德三年（620），改江宁为归化，为扬州及东南道治所。武德七年（624）以后，扬州更名为蒋州，后又复改为扬州，治所移至江都，并设置大都督府，归化则改名为金陵。武德九年（626），金陵县治移至白下城，更名为白下县，属润州。贞观年间，润州属江南道，白下则更名为江宁。天宝元年（742），润州改为丹阳郡，辖江宁等六县。至德二年（757），于江宁县置

---

① 张益晖、张艳玲：《中国通史》，中国画报出版社，2002年，第297—302、326、354、365页。

② 张益晖、张艳玲：《中国通史》，中国画报出版社，2002年，第401、415—424页。

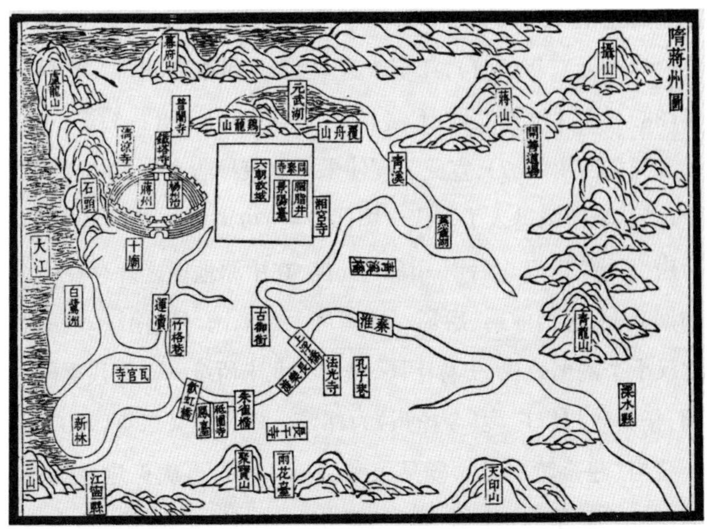

图 1-4 [明]《金陵古今图考·隋蒋州图》

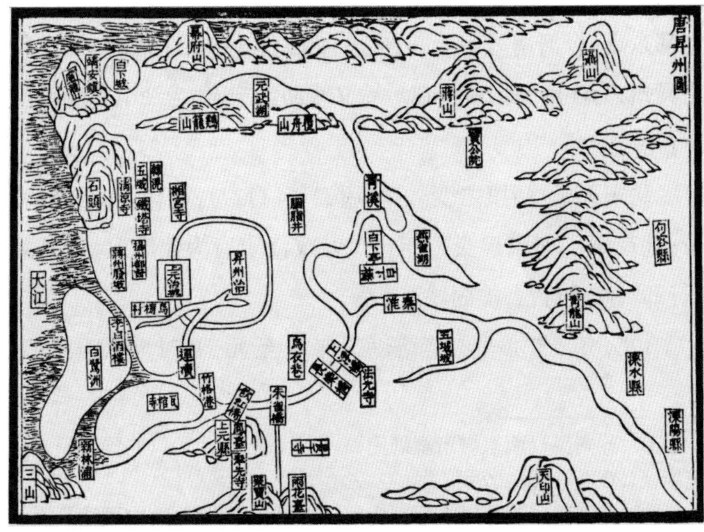

图 1-5 [明]《金陵古今图考·唐昇州图》

江宁郡。乾元元年(758)改江宁郡为昇州,辖江宁、句容等四县。唐上元二年(761),江宁改为上元,昇州改为润州。光启三年(887),再次设置昇州,下辖上元、句容等四县(图1-5)。[①]

天祐四年(907),宣武节度使朱全忠废掉唐哀帝,建立梁朝,史称后梁,中国进入了五代十国(907—979)时期。五代为后梁、后唐、后晋、后汉与后周。除了五代,在中原地区之外存在十个割据政权,包括前蜀、后蜀、吴、南唐、吴越、闽、楚、南汉、荆南和北汉十个割据政权,史称十国,最终为北宋所统一。五代十国时期,杨吴政权以广陵(今扬州)为都城。杨吴武义二年(920),设金陵府,建金陵府城。杨吴大和四年(932),再次扩建金陵城。南唐升元元年(937),徐知诰废吴帝,立国号为"唐",称为南唐。南唐以金陵府城为都,改称江宁府,辖上元、江宁等10县。[②]

公元960年,赵匡胤通过"陈桥兵变"黄袍加身,建立北宋,定都东京(今河南开封)。开宝八年(975),宋灭南唐,改江宁府为昇州,为江南路治所所在。后又改回江宁府,为江南东路治所所在。

北宋灭于"靖康之变"。靖康二年(1127),赵构于应天府称帝,建南宋。南宋建炎三年(1129)改江宁府为建康府,以其为"行都",修建行宫,加固城池。

1264年,忽必烈建都燕京,年号至元,1271年改国号为

---

① 苏则民:《南京城市规划史稿　古代篇·近代篇》,中国建筑工业出版社,2008年,第107页。

② 苏则民:《南京城市规划史稿　古代篇·近代篇》,中国建筑工业出版社,2008年,第113页。

"元",忽必烈为元世祖。忽必烈称帝后,1279年攻灭南宋,统一中国。至元十二年(1275),建康府被元军攻占,在此置江东路宣抚司。至元十四年(1277),设建康路总管府,属江淮行省江东道。大德元年,设置"江南诸道行御史台",称为"南台",以南宋行宫为御史台治。至顺元年(1330)改为集庆路,辖溧水、溧阳二州和上元、江宁、句容县(图1-6)。

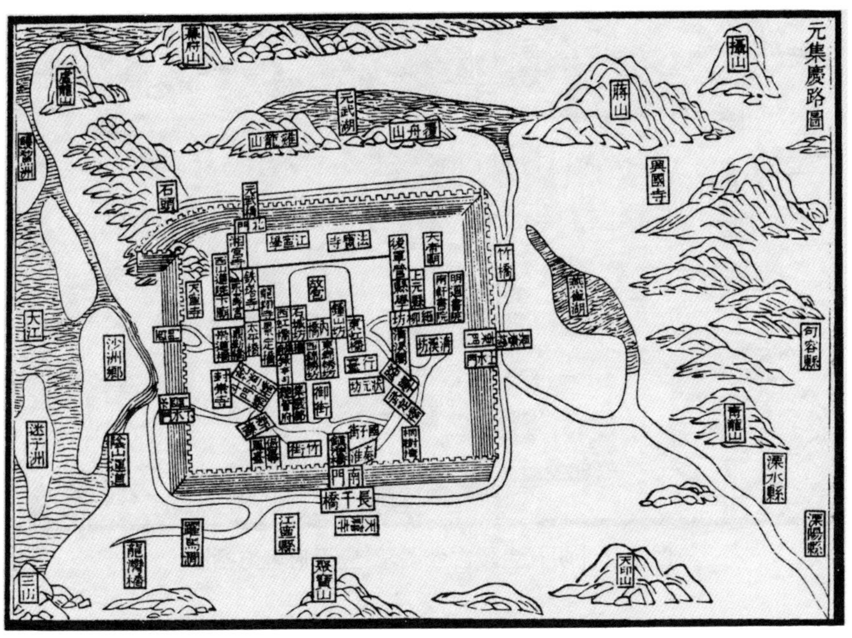

图1-6 [明]《金陵古今图考·元集庆路图》

至正十六年(1356),朱元璋攻占集庆,改为应天,属江南行省。明洪武元年(1368)朱元璋称帝,国号"明",以应天为南京,直隶中书省。洪武十一年(1378),以南京为京师所在。此时,应天府辖上元、江宁、句容、溧水、溧阳、江浦、六合共七县，后增加高淳县。明永乐十九年（1421），朱棣迁都北京，应天成为留都（图1–7）。

图1–7 ［明］《金陵古今图考·应天府境方括图》

万历年间，建州女真部落首领努尔哈赤逐渐消灭了其他部落军事力量，统一了女真各部，于万历四十四年（1616）建立了后金政权。崇德元年（1636），努尔哈赤之子皇太极建立大清政权，将京城从沈阳迁至北京。清平定南方后，设江南省。顺治年间，改应天府为江宁府，设置两江总督署，管辖江南、江西两省。乾隆年间设置江苏布政使司，辖江宁、淮安、徐州、扬州四府和海州(今连云港)、通州(今南通)两州。两江总督署和江苏布政使司均设置在南京。南京成为清廷统治东南地区的中心城市，具有东南政治经济中心的地位。①

清咸丰元年(1851)爆发了太平天国运动，咸丰三年(1853)太平军攻克江宁，以之为太平天国都城，改称天京。同治三年(1864)，天京被清军攻陷，复改为江宁府，隶属江南省江苏布政使司。

1912年中华民国成立，改江宁府为南京府，南京成为临时首都。1927—1949年期间，除了日伪统治时期，中华民国政府一直以南京为首都。

中华人民共和国成立后，南京从全国政治中心城市转变为区域性的中心城市。1953年，国家"一五"计划实施，南京开始编制城市规划用以指导建设活动。从20世纪60年代直到"文化大革命"结束，由于政治因素影响，南京城市的规划和建设基本停顿。1983年国务院批准的《南京城市建设总体规划》，是新中国成立后南京第一个具有法定效力的城市总体规划，该规划提出以市区为核心，由内向外根据5个圈层进行建设的思路。1992年《南京市城市总体规划》提出建设南京都市圈的理念。此后，为了适应城市化的发展，南京市行政区划进行了较大调整，将江宁县、六合县(今六合区)、江浦县(今浦口区)纳入市区范围，为城市发展拓展了更大的空间。

---

① 苏则民:《南京城市规划史稿　古代篇·近代篇》，中国建筑工业出版社，2008年，第196页。

2000年至2010年，南京城镇化水平持续高速提升，城市空间发展框架逐渐拉开。城市沿江两侧向东北、西南进一步扩展的同时，亦向北部浦口区、六合区及南部江宁区发展，先后建立了仙林副城、江北副城和东山副城三个城市次中心，形成了“多心开敞、轴向组团、拥江发展”的城市空间格局。2010年以后，南京城镇化速度放缓，更加注重城市空间发展质量，强调全域空间管控，城乡统筹发展。城市空间发展重心逐渐向外围城镇转移，结合资源禀赋，交通优势等，建设了包括汤山、禄口、永阳、淳溪在内的九个新城，基本构建形成了“南北田园、中部都市、拥江发展、城乡融合”的市域空间格局。

第二章　六朝时期的园林

第一节　东吴：南京园林的早期阶段

东吴时期在覆舟山、鸡笼山以南营造建业都城，自内向外分别为宫城、都城与外郭。外郭无城墙，都城与宫城分别筑墙。都城南为宣阳门（白门），延伸出御道直至秦淮河大航门。因城池距离秦淮河较远，不便漕运，故开凿运渎、漕沟、青溪（东渠），沟通后湖、秦淮、长江水系。建初寺前设置了大市和东市，用于商品交换和流通。[①]

吴赤乌十一年（248），孙吴太初宫竣工。太初宫南边开辟有公车门、升贤门、左掖门、右掖门、明杨门，东边苍龙门、西边为白虎门、北面为玄武门，正殿为神龙殿，另有临海殿等殿宇。[②]吴国君主孙皓好大喜功，于宝鼎二年（267）在太初宫东营造昭明宫，正殿为赤乌殿。皇家园林位于太初宫东部和北部，园内叠山造景，开池引水，开凿城北渠引玄武湖之水流入宫城，奠定宫城御苑的水系格局。孙皓在太初宫西侧营造西苑（今南京大学南园附近），宫城内筑土为山，营建楼观，开凿河渠。西苑的功能主要

---

① 苏则民：《南京城市规划史稿　古代篇·近代篇》，中国建筑工业出版社，2008年，第86页。

② 苏则民：《南京城市规划史稿　古代篇·近代篇》，中国建筑工业出版社，2008年，第87页。

是供皇太子游乐。[1]

除了宫城内皇家园林以外，宣明太子孙登还在覆舟山附近开凿有乐游池，供其游乐。乐游池又名太子湖。[2]

这一时期没有私家园林的记载，有记载的风景名胜有石头城、劳劳亭、落星楼。石头城作为军事要塞，下俯大江，成为金陵最早的形胜之地。劳劳亭又名望远楼，是当时著名的送别之所，位于南郊石马山之巅。江边落星山中有落星冈，江中有落星洲，据传孙权在落星山建有桂林苑，内有落星楼高达三层(图2-1)。

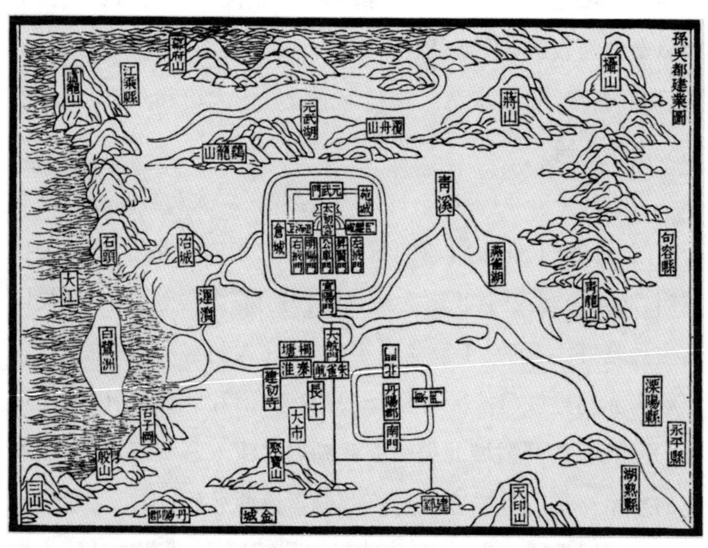

图2-1 [明]《金陵古今图考·孙吴都建业图》

① 南京市地方志编纂委员会：《南京园林志》，方志出版社，1997年，第74页。

② 苏则民：《南京城市规划史稿　古代篇·近代篇》，中国建筑工业出版社，2008年，第90页。

第二节　东晋：园林类型日趋丰富

东晋以建康为都城。由于中原战乱，大批人口南迁，建康城不仅人口增加，经济和文化有了巨大的发展，宫殿都城、交通道路、园林水利的营建也步入了新的发展阶段。这一时期，建康城空间格局进一步完善。都城开六座城门，城南侧为宣阳、开阳、陵阳三门，东侧为清明、建春两门，西侧开西明门。宫城位于城北部，宫城正殿为太极殿，两侧东西二堂作为日常处理朝政场所。太极殿以北为显阳殿，两侧有含章殿和徽音殿。一条南北向的御街为城市中轴线，连接宫城南门大司马门、都城南门宣阳门与秦淮河边的朱雀门。建春门与西明门之间是一条东西向的横向大道，该道路经过大司马门，与御街构成"T"形城区骨架，大司马门成为"T"形骨架的交汇点。中央官署机构主要分布在朱雀门与宣阳门之间御街两侧。御街向南延伸，直至南郊牛首山。晋元帝司马睿采纳王导之议，以牛首山两峰为天阙。东晋在建康城设置大市、东市和北市，作为商品交换流通和买卖的场所（图2-2）。

这一时期，皇家园林、风景名胜、寺观园林都有所发展。晋成帝时期苏峻叛乱，叛军攻入建康，宫室遭到较大的破坏。叛乱平定后，晋成帝重造宫苑，仿照洛阳华林园，建成建康华林园，晋孝武帝时期增建了清暑殿。东晋华林园成为建康最著名的皇家园林。

由于经济发展，人口增加，人们出游的范围也进一步扩大，

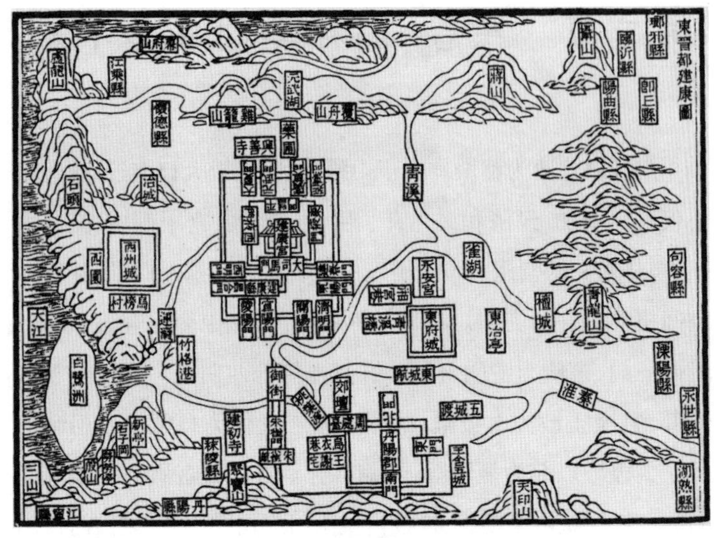

图2-2 [明]《金陵古今图考·东晋都建康图》

周围风景名胜得到进一步开发。除了原有的石头城以外，新增的园林名胜有幕府山、卢龙山、雁门山、天阙山、覆舟山、钟山、玄武湖、迎担湖、新亭、东冶亭、乐游池、谢公墩、桃叶渡等。

幕府山位于城西北江边，因东晋初王导在此开幕府而得名。

卢龙山位于城北，因形似塞北卢龙而得名。

雁门山位于东南，亦因山势形似北地雁门，得名。

天阙山位于城南，又名牛首山，山有两峰形似双阙，故名。

覆舟山乐游池在东晋时称为太子西池，内有药圃。

迎担湖是东晋初衣冠南渡，主客相迎之处。

新亭位于城南，靠近江边为交通要冲，是送别之处。新亭南另有一处劳劳亭，也是送别之地。

东冶亭位于城东汝南湾，西临淮水，北接青溪，为送别之地。

乐游池又名西池、太子池，晋明帝为太子时所修，宋元嘉年间纳入乐游苑。

谢公墩位于城西江边冈上，因谢安与王羲之登之而闻名。

桃叶渡位于秦淮河与青溪交汇处，是一处渡口，也是著名的送别之地。东晋大书法家王献之(344—386)送别其小妾桃叶渡江处。王献之作有《桃叶歌》，陈时江南广为传唱。[①]

桃叶歌

其一

桃叶映红花，无风自婀娜。
春花映何限，感郎独采我。

其二

桃叶复桃叶，桃树连桃根。
相怜两乐事，独使我殷勤。

其三

桃叶复桃叶，渡江不用楫。
但渡无所苦，我自迎接汝。

东晋时期，私家园林在建康开始出现。东晋元帝时期，冶山的作坊被迁至石头城东侧，在冶山营建了西园，又称为冶城园，

---

① ［清］陈文述：《秣陵集》卷二，南京出版社，2009年。

属于王导(276—339)所有,后改为冶城寺。东晋元兴三年(404),恒玄将其改为第宅园林,名曰“西园”。乌衣巷有一座纪瞻的宅园,园内置花石山池。[1]

① 南京市地方志编纂委员会:《南京园林志》,方志出版社,1997年,第83页。

第三节　南朝：精巧华丽的造园风格

南朝沿用建康作为都城，城门由原来的六座增加至十三座。新增城门有北面的延熹门、端门、广莫门、玄武门、大夏门，东面的东阳门，西面的阖闾门。南齐建元二年(480)，将土筑城墙改为砖砌，周长20里。宫城名为建康宫，又称显阳宫、台城，内外两重，外墙周长8里，内墙长五里，绕以城壕。宫城南中央为大司马门，旁为南掖门，东边开东掖门，北边为平昌门，西边为西掖门。宫城内正殿为太极殿，与两侧殿堂共同构成朝政空间。其北侧为后妃生活空间，包括显阳殿、含章殿、徽音殿等。梁天监七年(508)，梁武帝在大司马门前竖立神龙、仁虎双阙，在

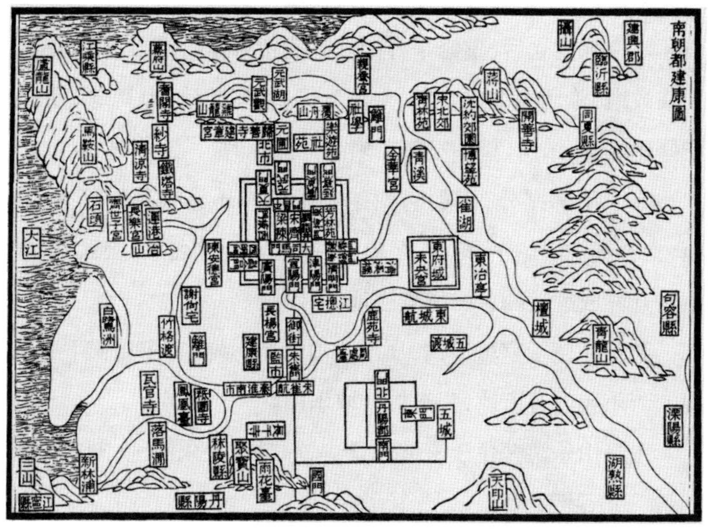

图2-3 [明]《金陵古今图考·南朝都建康图》

原越城之南营造国门(图2-3)。[①]

由于偏安江南,生活奢侈,宋齐梁陈各朝均增建宫城内殿堂楼观与皇家苑林。这一时期,华林园得到进一步的修建,建筑装饰愈发精巧豪华。南宋文帝时期,修筑北堤,稳定玄武湖水位,在华林园内修筑景阳山,由于工程繁杂、徭役沉重,导致民间怨声载道。南宋孝武帝时期,扩建华林园,增建了连玉堂、灵曜前后殿、芳香堂、日观台等建筑,并通过水渠引玄武湖水到华林园天渊池与殿前诸沟,最终汇至宫城南侧护城河。南齐东昏侯时期,建康宫城发生大火,烧毁三千余间殿宇,华林园受损严重。火灾后东昏侯重建华林园,亭台楼阁比灾前有过之而无不及,新建紫阁、神仙、玉寿等殿宇楼阁。梁武帝时期再次大规模增建华林园,新建通天观和重云殿,殿前配置观测天象用的浑天仪。梁末侯景之乱,侯景引玄武湖水淹没宫城与御街,华林园再次遭到破坏。南陈建立后,重修华林园。陈武帝修建听讼殿,陈文帝修建临政殿,陈后主大建宫室、生活奢侈、不理朝政,为其宠妃张丽华修建临春、结绮、望仙三阁。隋文帝灭陈时,尽毁华林园。

除了华林园外,南朝时期建康城内外还建有芳乐苑、乐游苑、上林苑、梁园、青溪宫、玄圃、商飙馆等园林名胜,玄武湖、钟山也开辟成远近闻名的风景胜地。

芳乐苑位于宫城以内,属于大内御苑,是南齐东昏侯下令修建。芳乐苑内有市肆,为东昏侯取乐用。

覆舟山乐游苑位于玄武湖南岸,原是东吴乐游池,刘宋元嘉

---

① 苏则民:《南京城市规划史稿　古代篇·近代篇》,中国建筑工业出版社,2008年,第83页。

年间郊坛移外，改造为乐游苑。苑内建有正阳殿和林光殿等。陈宣帝太建七年(575)，山上建甘露亭。[①]乐游苑是赐宴、丝竹场所。元嘉十一年(434)宋文帝招文臣在乐游苑修禊[②]饮宴，大建十一年(597)，陈宣帝在乐游苑设丝竹之会宴请群臣。

上林苑位于玄武湖北，是皇家狩猎囿苑，建于刘宋孝武大明三年(459)。陈宣帝太建十年(578)苑内举行水陆操练，内建"大壮观"[③]。

梁园位于玄武湖中间洲岛上，为梁昭明太子萧统所建。[④]

青溪宫位于燕雀湖东岸，又名桃花园或者芳林苑。

南齐文惠太子在建康城中开辟有玄圃。文惠太子生活奢侈，所居宫殿繁华程度超过其父皇宫殿。玄圃地势较高，挖池塘、筑土山、起楼阁、聚奇石，内部还建有一塔，文惠太子怕其父皇发现，通过成片的竹林和活动的围墙进行遮蔽。

齐武帝永明五年(487)，在孙陵冈上建有商飙馆，又称为九日台，为帝王巡幸之处。

由于人口持续涌入，至南梁时建康人口达到28万户，成为全国最大城市。[⑤]因地形起伏、河流环绕，居住区形态不规整，城

---

① 苏则民:《南京城市规划史稿　古代篇·近代篇》，中国建筑工业出版社，2008年，第90页。

② 修禊，原为农历三月举行的消灾祈福仪式，后演变为文人雅集、喝酒作赋的活动。

③ 苏则民:《南京城市规划史稿　古代篇·近代篇》，中国建筑工业出版社，2008年，第90页。

④ 韩淑芳:《老南京》，中国文史出版社，2018年，第7页。

⑤ 傅崇兰、白晨曦、曹文明等:《中国城市发展史》，社会科学文献出版社，2009年，第77页。

东青溪、城南乌衣巷和朱雀桥一带为贵族富商聚居区。南朝建康城的私家园林较多,有记载的为王氏园、沈庆之园、萧嶷园、东篱门园、沈约园、江总园等。

表2-1 南朝金陵主要私家园林

名称	园主	位置	造景特色与相关轶事
[刘宋]王氏园	王闿	城西南	据传宋元嘉十四年,有凤凰飞于王氏园中,后改其地名为凤凰里,改其山名为凤凰山,依山筑凤凰台,其地保宁寺改为凤游寺
[刘宋]沈庆之宅园	沈庆之	城东南娄湖	园内凿池筑山,有田园之景
[刘宋]萧嶷园	萧嶷		起土山,多植桐树、竹子
[齐]东篱门园	不明	城西南冶山	有卞壸(281—238)墓,植有梅花林
[梁]朱异园	朱异	钟山西麓	引山水之景
[梁]萧伟园	南平元襄王萧伟	武定门、通济门一带	富丽堂皇、豪华奢侈
[陈]江总园	江总	城东青溪	不明

(本表依据方志出版社1997年出版的《南京园林志》中第83、85页内容改写)

这一时期,后湖筑堤,开始有了较多开发,成为风景胜地。除了湖南岸覆舟山下乐游苑以外,湖北鸡鸣埭为齐武帝出猎之地。湖东钟山亦成为游兴之地。宋文帝在钟山西岩下筑招隐馆,作为庐山禅门次宗居所,征辟其为太子和诸王授业讲经。道士陆修静亦曾隐居于钟山茱萸坞。

南朝诗人沈约(字休文,441—512)在钟山西麓筑有山水园,曾作有《游钟山诗应西阳王教》。刘孝威(?—548)作《登覆舟山望湖北》。这些文学作品均描写了作者游览钟山、覆舟山与玄武湖之感受。

游钟山诗应西阳王教

沈　约

其二

发地多奇岭,干云非一状。
合沓共隐天,参差互相望。
郁律构丹巘,崚嶒起青嶂。
势随九疑高,气与三山壮。

其三

即事既多美,临眺殊复奇。
南瞻储胥观,西望昆明池。
山中咸可悦,赏逐四时移。
春光发陇首,秋风生桂枝。

其四

多值息心侣,结架山之足。
八解鸣涧流,四禅隐岩曲。
窈冥终不见,萧条无可欲。
所愿从之游,寸心于此足。

登覆舟山望湖北

刘孝威

紫川通太液，丹岑连少华。

堂皇更隐映，松灌杂交加。

荇蒲浮新叶，渔舟绕落花。

浴童争浅岸，漂女择平沙。

极望伤春目，回车归狭斜。

第四节　六朝佛寺的发展与选址环境

在中国古典园林体系中，寺观园林是重要的园林类型。寺观园林依托于佛寺道观存在，包括寺观内景观环境和外景观环境两部分。其中外环境主要受到寺观选址的影响。因史料所限，明代之前南京佛寺内环境较难考证，本书主要从选址角度考察佛寺园林的特征。明代之后的佛寺园林情况，主要依据《金陵梵刹志》的寺图、相关的名胜图，以及选址情况考察内外园林环境特征。

佛教文化传入南京，始于东汉献帝末世。当时，由于北方战乱连年，洛阳、长安（今西安）等地的北方居民为躲避战乱大批南迁，北方的佛教僧人和居士随之而来。特别是在孙权将都城迁徙到建业后，佛教在江南地区开始更为广泛地流传。①

佛教最初只在宫廷、王室中奉行。东吴时期，佛教翻译家支谦来到建业，开始翻译佛典，先后翻译出《阿弥陀经》《维摩诘经》《大般泥洹经》等佛经二十九部，对于南京佛教发展有着重要的意义。吴赤乌十年（247年），康僧会经广州至建业，请得如来遗骨舍利，吴大帝孙权为建塔造寺，“以始有佛寺，故号建初寺”②。此为南京有记载以来最早的佛寺。后许多高僧云集建

① 叶皓：《佛都金陵》，南京出版社，2010年，第8页。

② ［梁］释慧皎：《高僧传》卷一，中华书局，2023年。

业，南京佛教得到了迅速发展。[①]

东晋时期，从何充掌权到谢安主政的阶段中，佛教势力逐渐渗入朝廷，对国家政治产生了较大的影响。何充的侄女是晋穆帝的皇后，她是一个虔诚的佛教信徒，主持建造了尼庵“永安寺”，后称“何后寺”，是建康名刹之一。褚太后也笃信佛教，在宫中建屋奉佛，称之为“佛屋”。晋简文帝即位之前就是著名的清谈家，当时众多的高僧都是他府中的常客。晋孝武帝在宫中建造精舍，让僧人到宫中居住。他还曾皈依佛门并受五戒。公元413年，高僧法显来到建康（今江苏南京），居秦淮河畔，与天竺僧人佛陀跋陀罗在道场寺共同翻译出带回的佛教经典《方等般泥洹经》《大般泥洹经》《摩诃僧祇律》等，他还在建康将旅行见闻写成了著名的《佛国记》。

南朝金陵佛寺林立，盛况空前。皇家士族、文人学者多崇信佛教。宋文帝常和高僧慧严、慧观等论究佛理。宋孝武帝造药王、新安二寺，先后令僧人道猷、法瑶住新安，并往新安听讲。萧齐帝室也崇信佛教，齐武帝子竟陵王萧子良从事佛教教理研究，著有《净住子净行法门》《维摩义略》等，并招请精研佛理的荆州名士刘虬，共同讲论法义。南朝统治者对于佛教的尊崇尤以梁武帝萧衍为最，他亲建佛寺，还数次舍身出家，被称作“皇帝菩萨”。陈代帝王仍效仿梁武帝对于佛教的尊崇，修复了众多因“侯景之乱”而受到破坏的佛寺。陈武帝曾舍身于大庄严寺，并在大庄严寺设无遮大会。陈宣帝命国内初受戒的沙门一齐习律

① 邢定康、邹尚：《南京历代佛寺》，南京出版社，2018年，第4—5页。

五年。[①]

道宣在《续高僧传》卷15中描述南朝建康佛寺盛况："当斯时也，天下无事，家国会昌。风化所覃，被于荒服。钟山帝里，宝刹相临；都邑名寺，七百余所也。"[②]除了僧人营建的寺院之外，"有帝王创建的，如同泰寺、开善寺；有王室成员捐建的，如永庆寺；有士大夫、帝王舍宅为寺的，如栖霞寺、光宅寺；有于冢起寺的，如高座寺；有就阁起寺的，如弘济寺；有在官办作坊上立寺的，如瓦官寺等"[③]。

本节依据《南朝佛寺志》梳理六朝南京佛寺选址情况。《南朝佛寺志》收录的有名可考六朝佛寺有226座，其中明确记载了选址信息的有164座。按照选址地点与环境不同，大致分为"山林地"、"河湖地"和"城市地"三类，见表2-2。立寺于山，可借山川形势；立寺于水，可占极佳观赏面；立寺于市，可享旺盛香火。

表2-2　六朝南京佛寺选址统计

分类	位置	佛寺名称
山林地	钟山	延贤寺、定林寺、宋熙寺、善居寺、灵根寺、灵味寺、山茨寺、集善寺、石室寺、草堂寺、胜善寺、开善寺、大爱敬寺、福静寺、飞流寺、道林寺、灵曜寺、明庆寺、上定林寺、蒋山头陀寺（普济寺）
	覆舟山	青园寺、青园尼寺、灵鹫寺、法轮寺

① 叶皓：《佛都金陵》，南京出版社，2010年，第12—15页。

② ［唐］释道宣：《续高僧传》卷十五。

③ 邢定康、邹尚：《南京历代佛寺》，南京出版社，2018年，第4—5页。

续表

分类	位置	佛寺名称
山林地	鸡笼山	耆阇寺、竹林寺、栖元寺、法云寺、归善寺、同泰寺
	祈泽山	祈泽寺
	天竺山	能仁寺
	牛头山	幽栖寺、虎窟寺、常乐寺、仙窟寺、佛窟寺
	摄山	栖霞寺、庆云寺
	东山	净名寺
	雨花台	天王寺
	幕府山	幕府寺、同行寺
	白都山	资圣寺
	上公山	佛坛寺
	吉山	永泰寺(净果院)
	横山	国胜寺
	梅岭冈	隐云寺
河湖地	秦淮	庄严寺、临秦寺、安乐寺、铁索罗寺、正观寺、齐安寺、禅灵寺、瓦官寺、到公寺
	运渎	延兴寺、建福寺、建兴寺、证圣寺
	玄武湖	天宝寺
	潮沟	长寿寺
	青溪	新安寺、湘宫寺、兴业寺、建元寺、智度寺、奉先寺、外国寺
	南涧	南涧寺

续表

分类	位置	佛寺名称
城市地		建初寺、冶城寺、长干寺、高座寺、开福寺、灵基寺、何皇后寺、祇洹寺、中寺、延祚寺、永庆寺、太后寺、招提寺、竹园寺、越城寺、长乐寺、怀安寺、新亭寺、法王寺、白塔寺、南林寺、枳园寺、崇明寺、宋兴寺、禅众寺、正觉寺、旷野寺、涅槃寺、勤善寺、惠日寺、果原尼寺、须陀寺、梁众造寺、善觉寺、方乐寺、普光寺、慈恩寺、宝城寺、小庄严寺、彭城寺、道场寺、高台寺、岩林寺、竹园寺、王国寺、永明寺、园居尼寺、禅岩寺、隐静寺、慧眼寺、法苑寺、化成寺、善业尼寺、寒林寺、金口寺、福兴寺、履道寺、渴寒寺、幽岩寺、仪香尼寺、灵隐寺、法清寺、迦毗罗寺、延寿寺、乌衣寺、天竺寺、大庄严寺、北多宝寺、兴皇寺、孔子寺、大仁寺、洞玄寺、普宏寺、齐隆寺、齐古寺、净居寺、萧帝寺、翠微寺、皇宅寺、本业寺、解脱寺、杜桂寺、观音寺、天光寺、头陀寺、静福寺、北寺、清玄寺、万福尼寺、山齐寺、山斋寺、永丰寺、光宅寺、劝善寺

（根据《南朝佛寺志》梳理）

第三章　隋唐至宋元时期的园林

第一节 城市格局演变

南陈灭亡后，南京从都城降格为一般的城市。隋文帝下令拆除了南京的宫室城墙。大业六年(610)江南运河开通，南京的水运枢纽地位被扬州、镇江所取代，经济实力下降，人口也有较大的减少。隋唐时期，南京的城市建设没有明显的发展。

五代十国时期，杨吴政权在南京设置金陵府，权臣徐温先后派其养子徐知诰和陈彦谦修缮金陵城池，杨吴武义二年(920)城池修缮完工，周长25里。此后再次增筑金陵城，至杨吴大和四年(932)，城墙周长达45里。城门共8座，分别为东门、上水门，南侧的为南门，西侧为西门、北门、下水门、龙光门、栅寨门。城区范围东至白下桥、南至长干里、西达石头山、北抵玄武桥，城墙外开挖了杨吴城壕，连通珍珠河、青溪与长江。

南唐以新修缮的金陵城为都城。相比较于六朝时期，此时的金陵城位置大幅南移，原来的秦淮河两岸被囊括入城内，形成繁华的商业区。中心轴线"御街"延续了六朝时期的方位，两侧修建官署建筑、地面铺砖，并挖掘了排水沟。宫城位于金陵城中心偏北位置、御街北端，内有兴详殿、升元殿、崇英殿、积庆殿、澄心殿、百尺楼等殿阁楼宇(图3-1)。

北宋时期，南京的城市地位下降，成为地区性的中心城市。

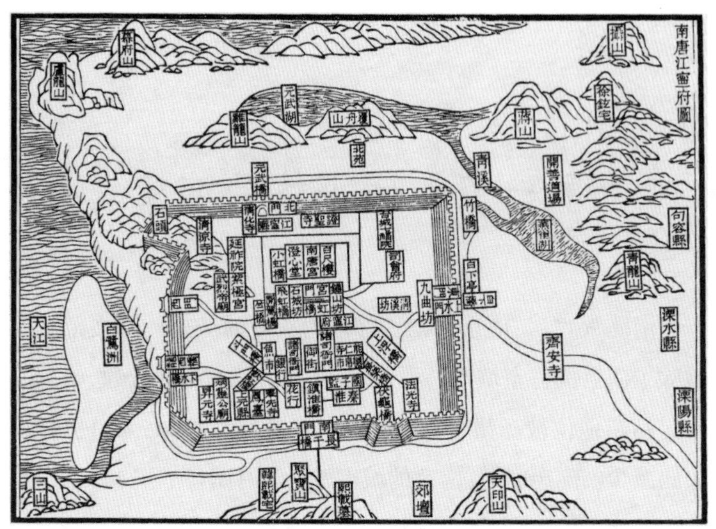

图3-1 [明]《金陵古今图考·南唐江宁府图》

南京城池范围没有变化，南唐宫城成为府治所在。后因火灾，仅存玉烛殿。[1]南宋时期，以建康为行都所在。绍兴年间修筑建康城墙，在原南唐宫城范围增筑城墙，作为皇城。皇城内行有行宫、内东宫、孝思殿、大小射殿、资善堂、天章阁、学士院、御教场等。行宫设施有寝殿、朝殿、复古殿、罗木堂、直笔阁等殿阁。[2]绍兴九年(1139)建府学，乾道五年、景定元年分别加固城墙，建栅寨门瓮城，疏浚青溪、城壕，建青溪先贤祠(图3-2—图3-

① 苏则民:《南京城市规划史稿 古代篇·近代篇》，中国建筑工业出版社，2008年，第127页。

② [宋]周应合:《景定建康志》卷一，南京出版社，2009年。

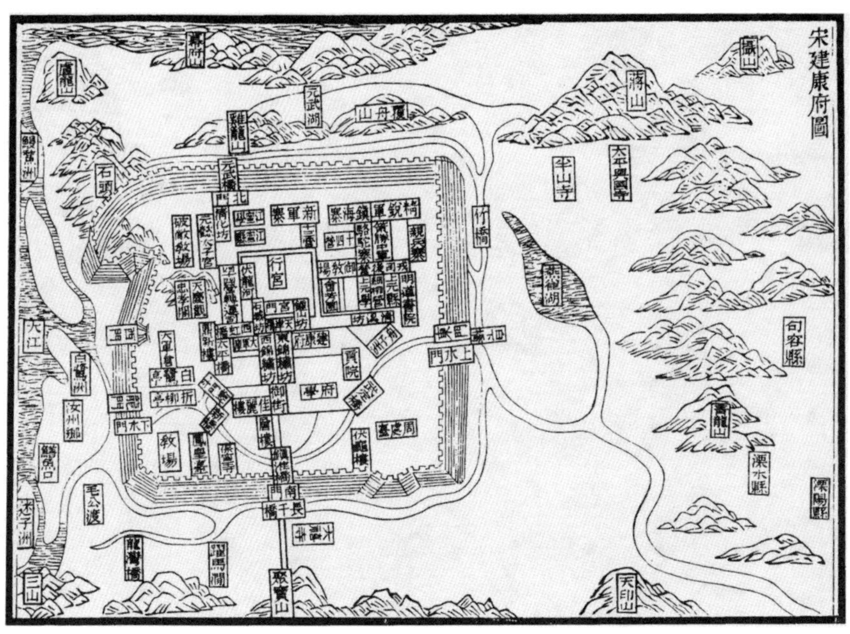

图3-2 [明]《金陵古今图考·宋建康府图》

3)[①]。乾道年间城内有4厢20坊,景定二年增加至35坊[②]。

经历宋末战乱,元朝时期南京城经济逐渐恢复,人口聚集较快。元代南京城基本延续了前朝的格局,设坊34个,居住、商业区集中在南部,军营、衙署办公区集中在北部。

① 苏则民:《南京城市规划史稿 古代篇·近代篇》,中国建筑工业出版社,2008年,第129页。

② 苏则民:《南京城市规划史稿 古代篇·近代篇》,中国建筑工业出版社,2008年,第132页。

图3-3 [明]冯宁仿宋院本《金陵图》中的南京城门与水关

第二节 山水风景与历史名迹

曾经无比繁华的六朝都城被毁，唐代的文人通过文学作品抒发对金陵胜景的怀念和凭吊之情，这些作品涉及大量具有历史价值的怀古之地。

中唐时期，著名诗人刘禹锡曾写过《金陵五题》组诗，包括《石头城》《乌衣巷》《台城》《生公讲堂》《江令宅》五篇，诗中所提到的石头城、乌衣巷、台城皆为著名的东晋南朝时期金陵名胜古迹。在其另一首《金陵怀古》诗中，提到了冶城、幕府山等古迹名胜。

金陵五题

刘禹锡

石头城

山围故国周遭在，潮打空城寂寞回。

淮水东边旧时月，夜深还过女墙来。

乌衣巷

朱雀桥边野草花，乌衣巷口夕阳斜。

旧时王谢堂前燕，飞入寻常百姓家。

台城

台城六代竞豪华，结绮临春事最奢。

万户千门成野草，只缘一曲后庭花。

生公讲堂

生公说法鬼神听，身后空堂夜不扃。

高坐寂寥尘漠漠，一方明月可中庭。

江令宅

南朝词臣北朝客，归来唯见秦淮碧。

池台竹树三亩余，至今人道江家宅。

金陵怀古

刘禹锡

潮满冶城渚，日斜征虏亭。

蔡洲新草绿，幕府旧烟青。

兴废由人事，山川空地形。

后庭花一曲，幽怨不堪听。[①]

南唐时期，金陵再次成为都城。后湖（玄武湖）成为著名的赏荷与游览胜地。南唐中主李璟（916—961，原名景通，字伯玉）的诗作《游后湖赏荷花》，描绘了后湖荷花盛开的胜景。南唐时期还在清凉山上建避暑宫，作为避暑游憩之地。

游后湖赏莲花

李璟

蓼花蘸水火不灭，水鸟惊鱼银梭投。

① 吴伏龙：《金陵胜景诗词选译》，亚洲出版社，1992年，第7—8页。

满目荷花千万顷，红碧相杂敷清流。
孙武已斩吴宫女，琉璃池上佳人头。[①]

南唐诗人朱存曾作有《金陵览古诗》二百首，留存下来有《后湖》《北渠》《天阙山》《秦淮》《潮沟》《半阳湖》《运渎》《凤凰台》《段石冈》《乌衣巷》等诗篇，较之于刘禹锡的《金陵五题》，除了后湖以外，还增加了天阙山、秦淮、潮沟、半阳湖、运渎、凤凰台等古迹名胜。表明这一时期进入地理语言体系中的金陵名胜古迹数量有大幅增加，类型也较为丰富。

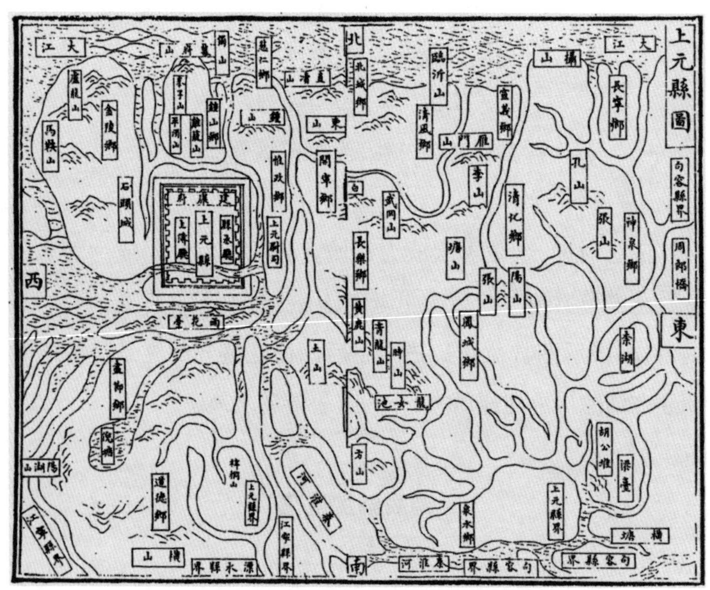

图3-4 [宋]《景定建康志·上元县图》

① 吴伏龙：《金陵胜景诗词选译》，亚洲出版社，1992年，第53页。

隋唐之后，长江南京段淤积泥沙增多，出现多处沙丘，岸线收窄。宋代，长江主道向西北迁移，清凉山石头城远离江岸，江中白鹭洲逐渐与岸线相接。江口泥沙淤积，留下众多水洼池塘，较大的为莫愁湖，而玄武湖曾废湖为田，导致水患较严重。青溪水道也严重淤塞。元至正年间部分恢复了玄武湖水面，疏浚了青溪至栅寨门的水道。

南宋《景定建康志》中绘有插图《上元县图》《江宁县之图》（图3-4—图3-5）。《上元县图》中在建康府城以北绘有鸡笼山、平顶山、幕府山，西北绘有卢龙山、马鞍山，南绘有雨花台、方山，东北绘有钟山、摄山，山水名胜较之南唐又增加了雨花台、摄山等。《江宁县之图》中，建康府城南有祖堂山、牛首山、告山，江边

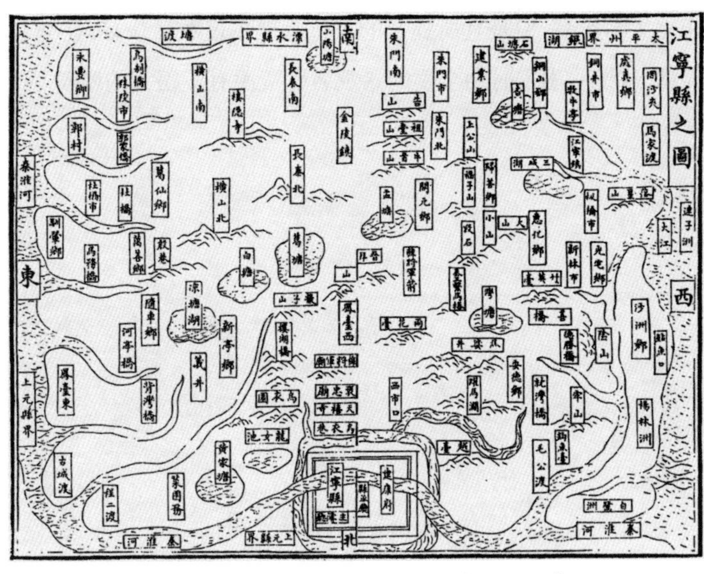

图3-5 [宋]《景定建康志·江宁县之图》

有落星山、杨林洲、白鹭洲，南有乌衣巷、天禧寺。

南宋诗人曾极所作组诗《金陵百咏》由一百首七绝诗组成，每诗围绕一处古物胜迹主题而作，具有强烈的怀古悲壮抒情色彩。诗中主题中涉及的摄山、方山、覆舟山、天门山、玄武湖、桃叶渡、乐官山、西原、龙洞、钟山、金华宫、四太子河、西浦、采石渡、五马渡、白鹭洲、黄天荡、胭脂井、宝公井、木围、射殿、行廊、新亭、赏心亭、冶城楼、南轩、板桥、高座寺、清凉寺、同泰寺、宋兴寺、湘宫寺、铁塔寺、宝公塔、长干塔、刘莎衣庵、八功德水、后主祠、荆公祠、文孝庙、谢玄庙、蒋帝庙、吴大帝庙、晋元帝庙、吴大帝陵、荆公墓、卞将军墓、张丽华墓、台城、宋受禅坛、南唐郊坛、李氏宫、华隐楼、华林园、养种园、泼墨池、商飙馆、乌衣巷、澄心堂，既有园林古迹，又有寺观祠庙与风景游览地。《金陵百咏》尽管是文学作品，但是其所提及的古迹胜地不仅数量众多，且类型丰富，这说明南宋时期金陵的景观名胜资源有了很大的增长。

第三节　城市园林的发展

隋唐宋元时期的南京城市园林史料记载不多。根据《南京园林志》所记，有冶城园、冷朝阳园、建勋园、半山园、乌衣园、桧亭等。

冶城园为唐代诗人李白居住的宅园，位于城西冶山原东晋西园所在之处。冷朝阳园位于城西乌榜树，为唐代冷朝阳的宅园。建勋园位于钟山南，东溪旁，为唐代节度使李建勋的园林，以水景泉石著称。半山园是北宋王安石在南京的宅园，位于城东，园内景观自然疏朗。乌衣园位于城南乌衣巷，又名青溪园，青溪是秦淮河的一部分，两侧亭台楼榭连绵不绝，水中栽种荷花，显然是一处休闲游憩之胜地。桧亭位于城北，是元代丁复的别墅园，内有园亭。①

① 南京市地方志编纂委员会：《南京园林志》，方志出版社，1997年，第84—87页。

第四节　寺观园林的发展

隋唐时期，全国的政治中心转移到了北方，且佛学研究出现了“文人化”倾向，重“佛儒道”融合发展。唐武宗下令实施灭佛政策，使得佛教遭受重创。这一时期，一些佛教宗派在南京诞生，如吉藏在栖霞山栖霞寺创三论宗，法融在牛头山幽栖寺创立禅宗“牛头宗”，对于佛教的发展有着重要意义。

五代十国时期，南唐君主李璟及后主李煜尤为尊崇佛教。李煜时期，宫中的佛寺达十余所，都是为宫人出家而设，共有僧尼八十多人，南唐时常称佛寺为“官寺”。[①]

宋元时期，禅宗兴盛，佛寺建筑布局更显规范化和秩序化。南京佛寺在前朝初步定型的基础上，融合“百丈清规”对禅寺的规定，初步形成了“伽蓝七堂”的寺院格局。但宋元时期南京新建的佛寺较少，最为著名的是元朝建造的大龙翔集庆寺。[②]

根据唐许嵩撰《建康实录》统计，隋唐时期有名可考的南京佛寺共66座，见表3-1。根据《景定建康志》及《至正金陵新志》统计，宋元时期有名可考的南京佛寺共175座，见表3-2。

---

① 邢定康、邹尚：《南京历代佛寺》，南京出版社，2018年，第8—9页。

② 沈旸、毛聿川、戴成崑：《空门寂路——南京佛寺寻访》，东南大学出版社，2016年，第14页。

表3-1 隋唐时期南京佛寺分布

分类	位置	佛寺名称
山林地	钟山	宝公院、明庆寺、大爱敬寺、草堂寺
	牛头山	佛窟寺
	摄山	功德寺
河湖地	运渎	兴岩寺
	秦淮	瓦官寺
城市地		永修观、涅槃寺、惠日寺、果愿尼寺、延祚寺、猛信尼寺、众造寺、慈恩寺、通善寺、静居寺、后黎寺、彭城寺、天保寺、竹园寺、南林寺、法王寺、永建寺、观音寺、净居寺、解脱寺、勤善寺、永明寺、福静寺、园居尼寺、禅岩寺、法苑寺、万福尼寺、岩栖观、化成寺、福兴寺、善业尼寺、寒林寺、一乘寺、玉清观、洞灵观、履道寺、渴寒寺、幽岩寺、仪香尼寺、灵隐寺、敬业寺、须陀寺、江潭苑、清园寺、延寿寺、头陀寺、普光寺、紫草寺、山海院、多福寺、何皇后寺、光宅寺、本业寺、善觉尼寺、同泰寺、隐静寺、长干寺、竹林寺

（主要依据《建康实录》及《南京通史》中佛寺部分梳理）

表3-2 宋元时期南京佛寺分布

分类	位置	佛寺名称
山林地	蒋山	太平兴国禅寺、定林寺、宋兴寺、万寿寺、普济寺、上云居下云居二院、承胜塔院、澄心院、净隐院、报恩院、济果院、寿宁寺、宝乘禅寺
	摄山	栖霞寺(岩因崇报禅寺)
	凤山	大龙翔集庆寺
	覆舟山	能光寺
	天竺山	兴慈院、福乐院

续表

分类	位置	佛寺名称
山林地	石头山	清凉广惠禅寺
	横山	建昌院、广觉院
	牛头山	佛窟寺、福昌院
	祖堂山	延寿院
	雨花台	安隐寺
	吉山	净果院
	白都山	资圣院
	上公山	佛龛院
	赤山	龙华寺、园寂寺
河湖地	秦淮	净妙寺、大遍尼寺
	青溪	湘宫寺
	落马涧	国胜寺
城市地		正觉禅寺、秀峰院、法云寺、宝林寺、清真寺、方乐院、玉泉院、清福寺、清福庵、常照庵、华严庵、佛光庵、高座寺、殊胜寺、吉祥寺、百福院、均庆院、明庆寺、天禧寺、衡福寺、吉祥院、杜桂院、多福常乐二院、延福禅院、安平院、登基院、净土院、保福院、慈光院、无垢院、崇因寺、普光寺、瑞相院、国胜寺、崇福院、无相塔院、归寂塔院、光宅寺、福昌院、看经院、净居院、高公堂院、明性院、金华寺、天王院、开福禅寺、法华寺、崇庆寺、兴教寺、马占寺、兴化禅寺、明觉寺、广岩寺、儒童寺、封崇寺、慧照寺、彰教寺、崇胜戒坛院、浮行寺、保圣寺、弥勒寺、万善寺、兴岩寺、鹿苑寺、大觉寺、禅寂寺、兴善院、上方寺、桂阳寺、西阳院、正觉寺、法宝寺、景德寺、崇德寺、报恩禅寺、法兴禅寺、圣塔院、净土禅院、六安院、永成寺、法慧寺、法会院、明慧院、

续表

分类	位置	佛寺名称
城市地		三塔大圣院、崇福庵、无际崇福庵、古佛庵、普照庵、净土庵、井冈庵，寿国禅庵，观音庵，亭山庵、上国安寺、报宁寺、永福尼寺、干明尼寺、祈泽治平寺、观音院、乐林院、永福院、妙明院、崇胜院、阳城院、清修院、隆教院、法王寺、崇明寺、兴教院、奉圣院、延福院、大悲寺、禅心寺、明庆院、菩提寺、妙果寺、太安寺、乐林院、观音庵、大梦圆通庵、大梦观音庵、宝戒寺、法济寺、宝公庵、和子亭观音庵、光相院、福安院、净相院、广教院、禅居院、后阳院、临福院、永成寺、般若寺、保宁禅寺，隆报保乘禅寺、安隐院、白塔寺、宝公道林庵、百福寺、治平寺

（主要依据《景定建康志》及《至正金陵新志》梳理）

第四章　明代南京园林

第一节　明代的都城营造与皇家园林

明代再次定都南京，都城范围有了较大的扩展。南京城(应天府城)北临玄武湖，东北直抵钟山西南山麓，西至长江，东南囊括原有旧城区。城墙高达12米，全长约37.14千米，材料全为砖砌，极为坚固，是中国第一座砖砌都城。城门有13座，北有钟阜门、金川门、神策门，东北有太平门，东有朝阳门，东南为正阳门、通济门，南有聚宝门，西有仪凤门、定淮门、清凉门、石城门、三山门，每座城门上均设置城楼，重要的城门设置瓮城。最重要的城门，如聚宝门、通济门和三山门设置三道瓮城。

府城之外，还有一圈夯土的外郭城，依山就势，全长约50千米，开有城门，分别为：沧波门、高桥门、上方门、夹冈门、凤台门、大安德门、小安德门、大驯象门、小驯象门、江东门、佛宁门、上元门、观音门、姚坊门、仙鹤门、麒麟门，其功能主要是军事防卫(图4-1—图4-2)。

皇城位于应天府城的东部，呈方形，北有玄武门，南为承天门，东、西分别为东华门、西华门。宫城基本位于皇城中心，呈方形，南为午门，北为北安门，东、西分别为东安门和西安门。宫城、皇城有一条贯穿南北的纵向中心轴线，自府城正阳门开始，向北经过承天门、午门、北安门、玄武门。宫城是明朝帝王处理

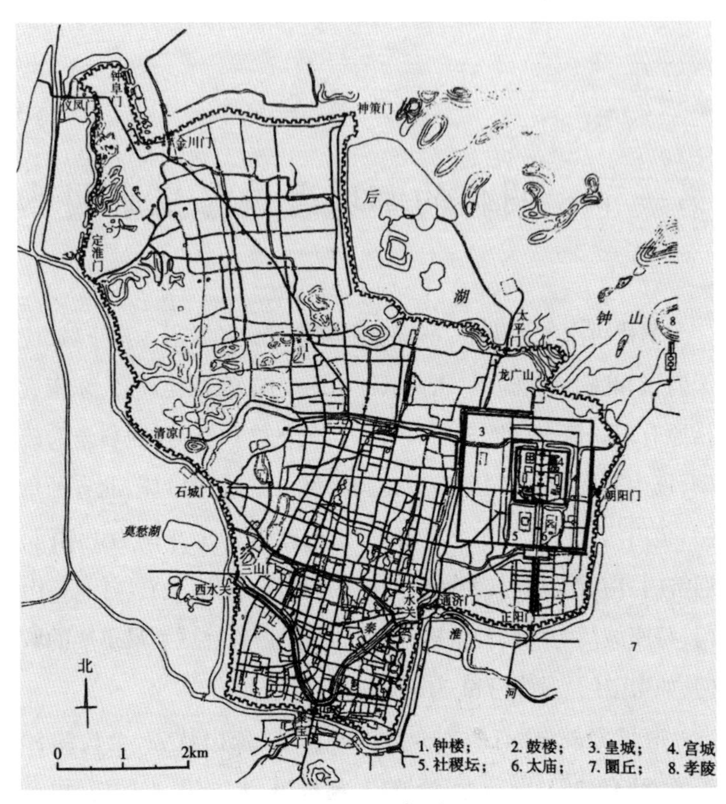

图4-1 明都城

（图片来源：苏则民编著《南京城市规划史稿　古代篇·近代篇》）

政务、举办朝会、仪式大典以及帝后生活的区域，分为前朝和后寝两大区。午门以北为金水桥、奉天门，奉天门内自南向北沿中轴线建有奉天殿、华盖殿、谨身殿，构成前朝区三大殿，建有文楼、武楼、文华殿、武英殿对称分布在中轴线两侧。谨身殿以北沿中轴线建有乾清宫、省躬殿和坤宁宫，构成后寝区的主殿，两侧建有奉先殿、春和殿等。皇城主要布置内廷宫监、府库和禁卫

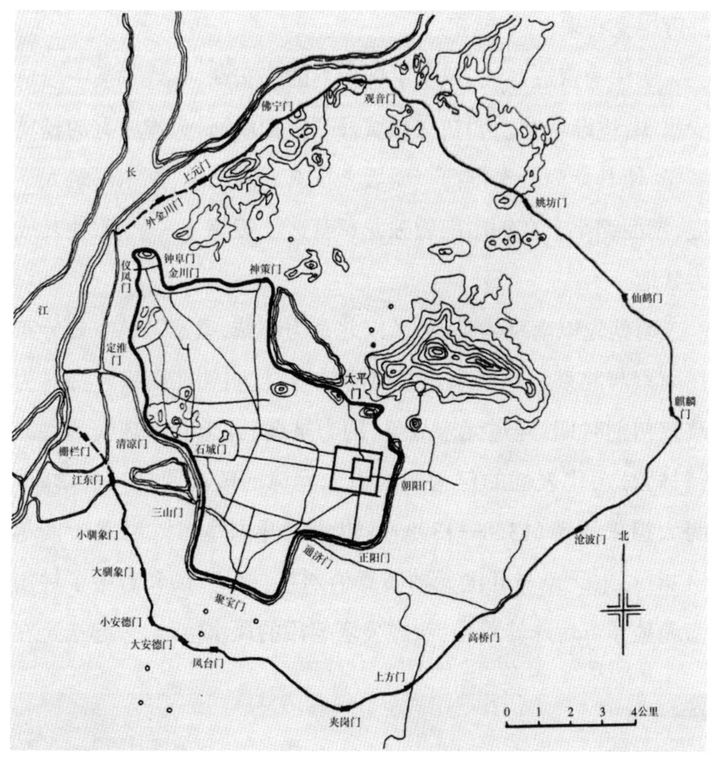

图4-2 明南京外郭图

（图片来源：潘谷西主编《中国古代建筑史·第四卷·元明建筑》）

部队，午门至承天门之间为御道，中间建有端门，御道两侧为宫墙，宫墙外建有太庙和社稷台。府城正阳门与承天门之间的御道上建有洪武门，门内沿御道两侧为千步廊，廊两侧为五府、五部等中央官署。[1][2]

明代为营造都城，填平了钟山下的燕雀湖，导致青溪中段缺少水源，逐渐堵塞。明初在都城外开凿护城河，疏浚原有的杨吴城壕，使其变为外秦淮河。城墙直抵玄武湖南岸，湖东岸筑太平堤，湖面缩小。在钟山南麓独龙阜营造了陵寝——孝陵，使其成为禁地。

明朝先以南京为都城，后以北京为都城，皇家园林主要分布在南京与北京。而南京建都时间较短，且明朝在南京建都时为政权初创时期，经过元末战争，国力贫弱，并未有大规模的皇家园林营造，代表性的仅为明太祖朱元璋的陵寝园林——孝陵。明太祖朱元璋（1328—1398）是明朝的开国皇帝。洪武十四年（1381），朱元璋与开国元勋诚意伯刘基、徐达、汤和看中了钟山南麓独龙阜玩珠峰蒋山寺、志公塔地段的风水宝地，一起选定在

① 杨宽：《中国古代都城制度史》，上海人民出版社，2006年，第512—518页。

② 潘谷西：《中国古代建筑史·第四卷·元明建筑》，中国建筑工业出版社，2009年，第27—29页。

此营造其陵墓，并命令中军都督府李新负责营造工程。同年，迁移蒋山寺与志公塔。第二年，马皇后病故，葬入刚完工的孝陵地宫中。洪武十六年(1383)，孝陵享殿完工。洪武三十一年(1398)朱元璋去世，葬入孝陵。作为明朝开国皇帝的陵墓，孝陵的工程直到永乐十一年(1413)永乐皇帝立孝陵神功圣德碑才最后完工，前后历时38年。孝陵是重要的皇家陵墓园林，在总体布局与建筑规制方面改变了唐宋皇家陵寝园林的传统做法，确定了明代陵寝制度的基本特色。

南京作为都城，经济有了较大的发展，对外贸易也有所加强。明嘉靖年间绘制的《南都繁会景物图卷》描绘了南京的山川街巷、亭馆桥驿、各类店铺与各色人等，呈现了南京繁华的城市生活风貌(图4-3)。经济的发展、财富的增加为明代南京园林的发展奠定了物质基础。

图4-3 [明]《南都繁会景物图卷》

第二节　明代南京名胜

一、明早期的南京风景名胜

明初，明太祖朱元璋敕命礼部纂修的《洪武京城图志》，记录了明初南京的宫阙、城门、山川、坛庙、官署、学校、寺观、桥梁、街市、楼馆、仓库、廊牧、园圃。其中，山川、园圃均属于园林名胜，并附有《京城山川图》(图4–4)。图志中所记载山川包括钟山、石头山、覆舟山、鸡鸣山、石灰山、狮子山、马鞍山、青龙山、方山、聚宝山、牛首山、三山、大江、秦淮、玄武湖、太子湖、稳船湖、清溪、太平堤、玉涧、东涧、竹筱港，园圃包括漆园、桐园、棕园(表4–1)。

表4–1　《洪武京城图志》中所记明初南京园林名胜

园林名胜	相关条文摘录
钟山	一名蒋山，在城东北。周回六十里，高一百五十八丈。东连青龙山，西接青溪，南有钟浦，下入秦淮，北接雉亭山。汉末，有秣陵尉蒋子文逐盗死，葬于此。吴大帝为立庙，封曰蒋侯。大帝祖讳钟，因改曰蒋山。
石头山	按《舆地志》：环七里一百步，缘大江，南抵秦淮口。山上有城，因以为名。吴孙权修理，因改曰石头城。今城于其上，甓以砖石，雄壮险固，甚得控制之胜。
覆舟山	一名龙山，一名龙舟山，在今太平门内教场北。周回三里，高三十一丈。北临玄武湖，状若覆舟。宋武帝又改名玄武山。
鸡鸣山	旧名鸡笼山，在覆舟山西。周回十余里，高三十丈。状如鸡笼，因名。今改鸡鸣山。宋元嘉中，立儒馆于

续表

园林名胜	相关条文摘录
	北郊,命雷次宗居之。今置国子学于山之左,又建浮图于上,以祠宝志。
石灰山	在城西北二十里,周回三十里,高十丈。晋元帝渡江,王导建幕府于此,旧名慕府山。上有虎跑泉、仙人台。
狮子山	在仪凤门北,与马鞍山接。周回十余里,高三十丈,又旧名卢龙。国朝以其形名之。
马鞍山	在清凉门,与石头城相接,西临大江。高十五丈,以形似得之。
青龙山	在城东南二十余里,周回二十里,高九十丈。
方山	一名天印山,在城东南三十里,周回二十余里,高一百一十六丈。四面方正如城。秦始皇凿方山长陇为渎入江,曰秦淮。吴大帝尝为葛玄立观于此。
聚宝山	在聚宝门外,雨花台侧,上多细玛瑙石,因名聚宝山。今置钦天回民监于此。
牛首山	旧名牛头山,状如牛头,因名。周回四十余里,高一百四十丈。一名天阙山,中有石窟,不测浅深,在西南二十里。刘宋南郊坛在焉。
三山	在城西南四十余里,旧三山矶。周回四十里,三峰连出大江东岸,高二十余丈,吴津济道也。太白诗云:"三山半落青天外"即是。
大江	自京城西南来,经西北,东流入海。
秦淮	旧传秦始皇时,望气者言金陵有天子气,东游以厌当之,凿方山,断垄为渎入江,故曰秦淮。
玄武湖	亦名蒋陵湖、秣陵湖,在太平门外。周回四十里,晋元帝所浚,以习舟师。又名北湖。宋元嘉中,有黑龙见,因改玄武湖。有沟,南入于秦淮。
太子湖	一名西池,吴宣明太子所浚。晋明帝为太子修西池,多养武士于内,筑土为台,时人呼为太子西池。梁昭明植莲于此,在鸡鸣山北。

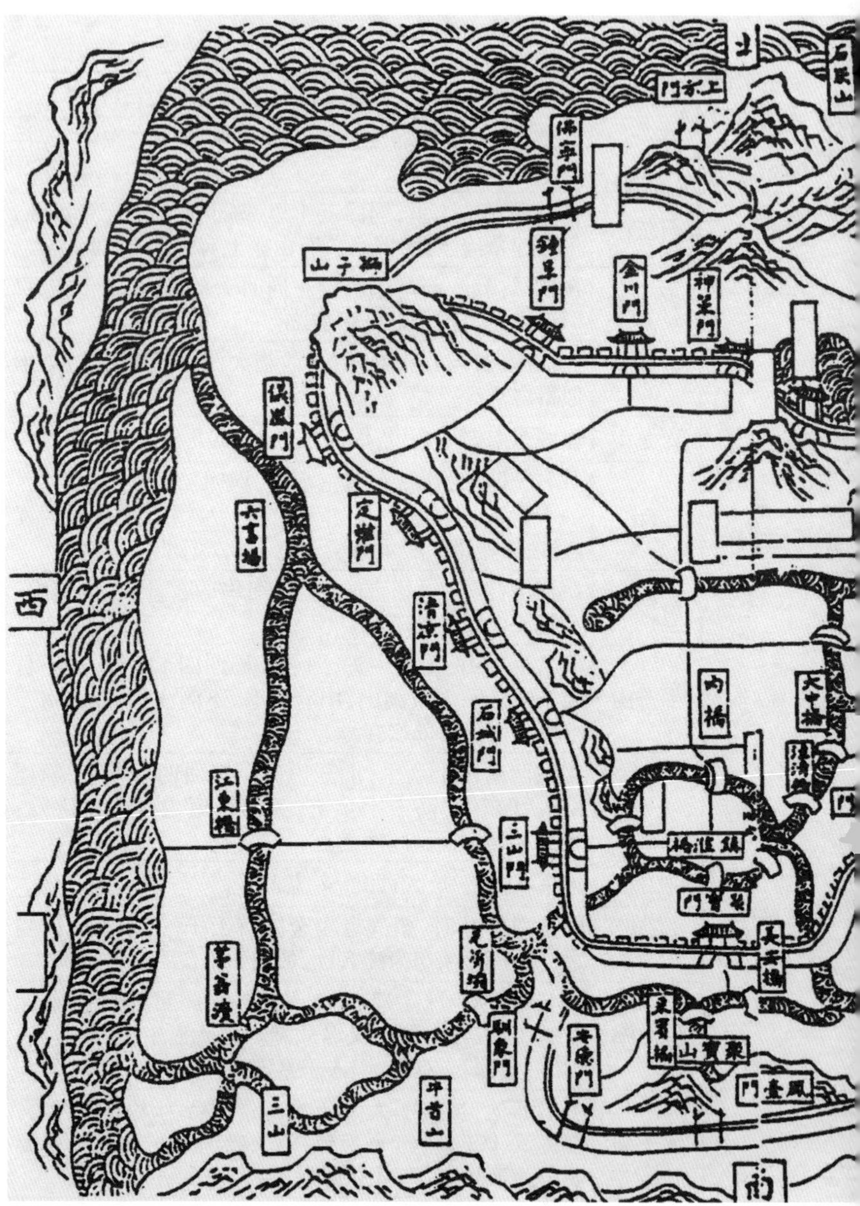

北
上元門
佛寧門
鍾阜門
金川門
神策門
獅子山
儀鳳門
定淮門
清涼門
石城門
三山門
西
江東橋
内橋
大中橋
鎮淮橋
聚寶門
長安橋
來賓橋
聚寶山
鳳臺門
安德門
馴象門
三山
南

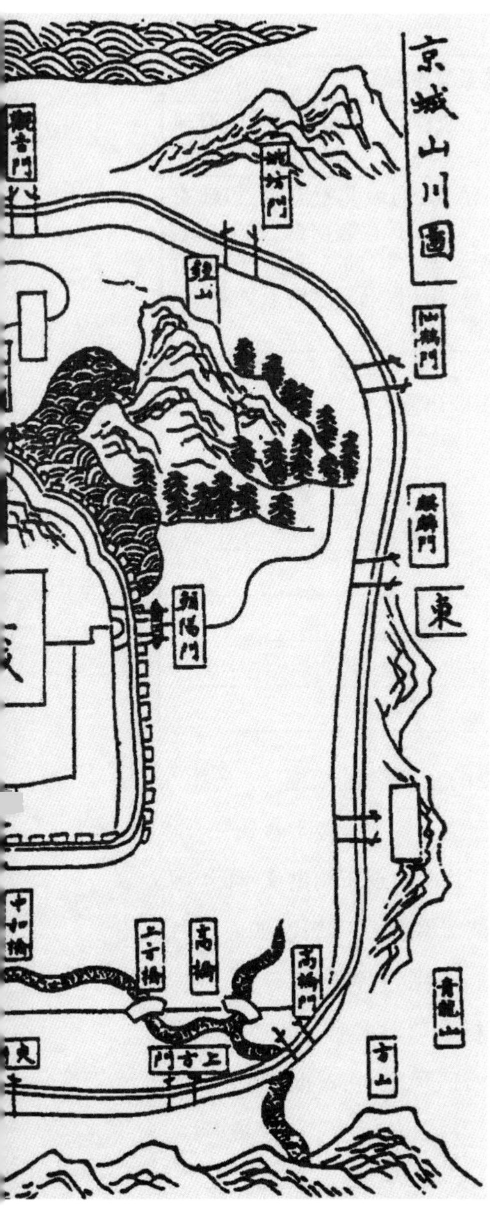

图4-4 [明]《洪武京城图志·京城山川图》

续表

园林名胜	相关条文摘录
稳舡湖	在佛宁门外。国朝新开，通江水，于此泊舟，以避风涛。
清溪	吴赤乌四年，凿东渠，石清溪，通城北堑潮沟，以泄玄武湖水。旧有九曲，今上元县南，迤逦而西，循旧内府东南出，至府学墙下，皆清溪之旧曲。通秦淮，其竹桥、玄津、昇平、复成、淮清、柏川、鼎新、斗门、西虹、内桥、会同等桥，皆此水所通。
太平堤	在太平门外。国朝新筑，以备玄武湖水。其下曰贯城，以刑部、都察院、五军断事官在其西，皆执法之司；以天市垣有贯索星，故名焉。
玉涧	在蒋庙侧，缘山涧是。
东涧	在钟山宋熙寺基之东。
竹筱港	在观音门外，去城三十余里。
漆园	在桐园北。
桐园	在漆园南。
棕园	在桐园东。

明早期士人视野下较为重要的金陵名胜浓缩为“金陵八景”，此后数量不断增长，演变为“金陵十景”“金陵十八景”“金陵二十景”“金陵四十景”。“金陵八景”首次出现于明洪武年间应天府推官史谨所作的《独醉亭集》。该文集收录于清代《四库全书》中，其中出现了“金陵八景”的提法，分别为“钟阜朝云”“石城霁雪”“龙江夜雨”“凤台秋月”“天印樵歌”“秦淮渔笛”“乌衣夕照”“白鹭春波”，涉及钟山、石头城、龙江、凤凰台、秦淮河、乌衣巷、

白鹭洲八处古迹名胜。[①]隆庆年间黄克晦和万历时期郭存仁均以“金陵八景”为主题绘制有实景水墨画。图4-5—图4-8为郭

图4-5 [明]郭存仁《金陵八景·钟阜祥云》

图4-6 [明]郭存仁《金陵八景·凤台秋月》

① 万新华:《地方意识与游冶品评——十七世纪金陵胜景文形塑探析》,载《南方文物》,2016年第1期,第235—244页。

存仁作品。

图4-7 [明]郭存仁《金陵八景·秦淮渔笛》

图4-8 [明]郭存仁《金陵八景·乌衣夕照》

二、明中期的南京名胜

据《金陵琐事；续金陵琐事；二续金陵琐事》记载，嘉靖年间盛时泰（1529—1578，字仲交，号云浦）以金陵“十景”为题吟咏，涉及十处金陵景致，为祈泽寺龙泉、天宁寺流水、玉泉观松林、龙泉庵石壁、云居寺古松、朝真观桧径、宫氏泉大竹、虎洞庵奇石、天印山龙池、东山寺蔷薇。[①]这十处景致包括三处泉池水景、两处石景、五处植物景观（松景两处，桧景一处、竹景一处、蔷薇景一处），除了天印山龙池和宫氏泉大竹以外，其余皆位于寺观。

明代嘉靖年间陈沂（1469—1538，初字宗鲁，后字鲁南，号石

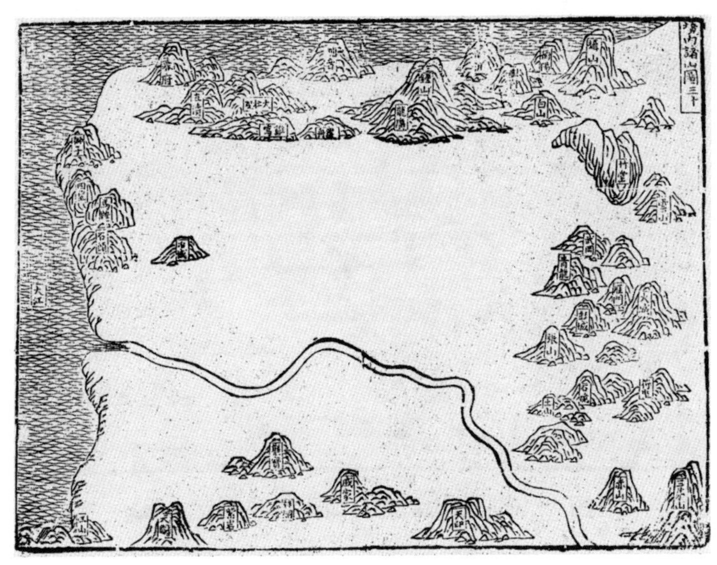

图4-9 ［明］《金陵古今图考·境内诸山图》

① 周晖：《金陵琐事；续金陵琐事；二续金陵琐事》，南京出版社，2007年，第30页。

亭）著有《金陵世纪》、《金陵古今图考》和《献花岩记》三书。《金陵古今图考》中记录了金陵的建制与城郭规制，并收录有陈沂所作《吴越楚地图》《秦秣陵县城》《汉丹阳郡图》《孙吴都建业图》《东晋都建康城》《南朝都建康图》《隋蒋州图》《唐昇州图》《南唐江宁府图》《宋建康府图》《元集庆路图》《国朝都城图》《应天府境方括图》《境内诸山图》《境内诸水图》《历代互见图》。其中，《境内诸山图》和《境内诸水图》记录了明代金陵的山水名胜名称与位置（图4-9—图4-10）。

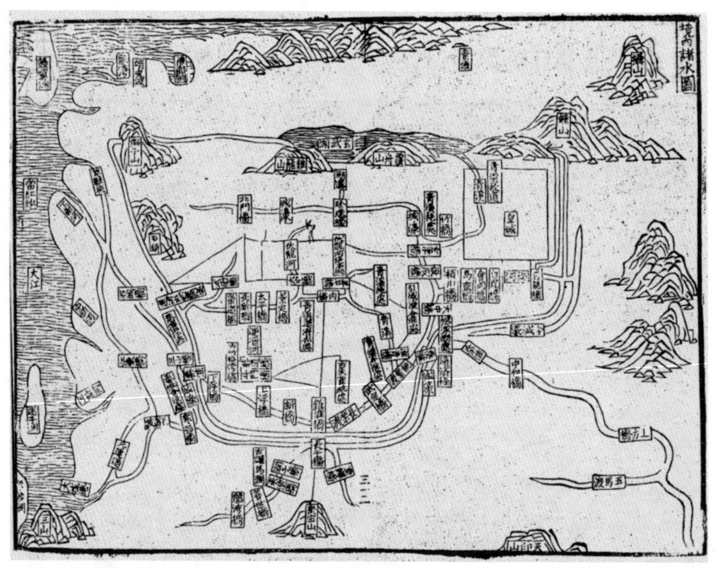

图4-10 ［明］《金陵古今图考·境内诸水图》

《金陵世纪》一书详细收录了金陵历代园林名胜，其中既有山水名胜，又有宫阙、台苑、楼宇、寺观等人文类名胜，见表4-2—4-5。

表 4-2 《金陵世纪》中的宫阙

宫阙	相关条文摘录
吴太初宫	正殿曰神龙。南五门,正中曰公车,次东曰昇贤,更东曰左掖,次西曰明阳,更西曰右掖。东面正中曰苍龙,西面正中曰白虎,北面正中曰玄武。北直对台城西掖门前路东,即古御街,有临海诸殿,周回五百丈。《建康实录》:吴大帝迁都建业,徙武昌宫室材瓦,缮太初宫,即长沙王孙策故府。赤乌十年作。
昭明宫	始谓之新宫,周五百丈,与太初宫相望,后主移居之。《吴志》:后主甘露二年,起新宫于太初之东,二千石已下皆入山督伐木,又攘诸营地,开苑起山,作楼观,饰以金玉。开北渠,引后湖水入内,旋绕堂殿,技巧穷极,功费万倍。
南宫	吴太子宫,在南。赤乌二年,大帝适南宫赤乌殿,在昭明宫内,时赤乌见,因名。
晋建康宫	初,元帝即太初宫为建康宫。成帝咸和七年,新宫成,亦名又显阳宫,在法宝寺南。《实录》云:即台城也。内外殿宇,大小三千五百间,南向二门,东、西、北各一门。
永安宫	即吴东宫,在台城东南。《宫苑记》云:在台城东华门外。孝武太元二十一年,作东宫。本东海王第。安帝立,以何皇后居之。桓玄拆其材木,移入西宫,以其地为细柳宫。
太极殿	建康宫之大殿也,十二间,象一岁之月。梁武改制十三,以象闰。高八丈,长二十七丈,广十丈,并以锦石为砌。东西有太极,东西堂各有阁,方庭六十亩。《考证》云:太极殿,周制路寝堂,魏制小寝也。《晋记》曰:谢安造殿,欠一梁。忽有梅木流至石城下,乃成,画梅于上以表瑞。《实录》云:谢安欲王献之题榜,于言乃谓魏韦仲将悬虚凳书凌云台以讽之。献之曰:“仲将,魏之大臣,宁书此事?有之,知魏德之不长也。”遂止。《中兴书》云:郭璞云二百一十年,此殿为奴所坏。后为梁武毁之。梁武舍身为奴。

续表

宫阙	相关条文摘录
清暑殿	在台城内，晋孝武造。重楼复道，通华林园，爽垲奇丽莫比。
宋亲蚕宫	在上元钟山乡阇婆寺前纱市中。《南史》云：宋大明三年，立皇后蚕宫于西郊。四年三月，皇后亲蚕于郊。
嘉禾殿	宋孝武五年，清暑殿西甍生嘉禾，一枝五茎，改名嘉禾殿。
玉烛殿、含章殿	皆宋武所造，在宫中。孝武帝女寿阳公主，于人日卧含章殿檐下，有梅花落公主额上，成五出，拂之不去，经三日，洗乃落。他女奇其异，竞效之，作梅花妆。
紫极殿	明帝造，珠帘金柱，江左所未有。
齐世子宫	齐武帝为世子时，以石头城为宫。
显阳殿、昭阳殿、凤庄殿、乾光殿	显阳、昭阳二殿，本太后皇后所居。永明中，无太后、皇后，皆贵妃居之。上数游幸诸苑，载宫人从车。后宫内深隐，不闻鼓漏声，置钟于景阳楼上，宫人闻钟，悉起妆束以候。
芳乐殿	在台城内。《齐史》：东昏侯大起芳乐、玉寿诸殿，以麝香涂壁，刻画妆饰，穷极绮丽。役者自夜达晓，犹谓不速。后宫服御，极选珍奇，府库旧物，不复周用。民间金宝，价皆数倍。凿金莲花地，令潘妃步之，谓步步莲。
灵和殿	在台城内。益州刺史刘浚献蜀柳，武帝命植于灵和殿下。三年，柳成，枝条柔弱，状如丝缕。帝赏叹曰："风流可爱，似张绪少时。"
梁金华宫	在青溪东，去台城二里。《舆地志》：大同中筑。《陆襄传》：昭明太子薨，官属罢，妃蔡氏别居金华宫。以陆襄为中散大夫、步兵校尉、金华宫家令。
五明殿	在台城内。梁大通中，有四老鹑衣蹑履，入建康里，逾年莫有识者。帝召入仪贤堂，赐沐，衣以御衣。昭明太子喜，目为四公子，移入此殿，更重之。大同末，魏使崔敏来聘。敏博赡儒、释、天文、医术，帝选十人于

续表

宫阙	相关条文摘录
	此殿,推论三教、百家、六籍五运九十余日。崔敏忘精丧神,伤心呕血,归未及境而卒。
披香殿	在台城内后宫。庾子山诗:“宜春苑中春已归,披香殿里作春衣。”
重云殿	梁武帝造,在华林园。《陈书》云:高祖三年戊辰,重云东吻,有紫烟出烛天。《隋志》云:前殿有铜浑仪,是伪刘曜光初六年南阳孔挺所造,何承天以为张衡所造。
林考殿	在覆舟山前。
光严殿	在景阳山东。《建康宫阙簿》载。
凤光殿、光华殿、宝云殿	皆在台城内。《宫阙簿》云:大通中,施与草堂寺。取珠货直百万,于光严殿后起重阁七间,宝云殿仍在内,作佛事。
陈求贤殿	在台城内,后主皇后沈居之。后字务华,端靖好学。孔贵妃为宠,后无怨色,衣无绮绣,惟事佛书、典籍、诗赋、名画而已。陈亡,随西迁。后主薨,自作哀册文,辞甚酸苦,朝贤痛之。
安德宫	在宣阳门外。《宫苑记》:陈宣帝为文皇后筑,在都城西南角外。隋移江宁县于此。
梧园宫	吴王别馆,有梧楸成林。云在句容县,不详所在。任昉《述异记》:《古乐府》云:“梧宫秋,吴王愁。”
未央诸宫	《南史》:宋废帝景和元年,以东府城为未央宫,以石头城为长乐宫,以北邸为建章宫,以南第为长杨宫。
青溪宫	在青溪上。《南史》:齐武帝,元嘉廿七年生于建康之青溪宫,后为芳林苑。 宋起正福、清曜等殿于台城,起永正、温文、文思、寿安等殿于温德门内。梁起惠轮殿,陈起昭德、嘉德、寿安、乾明、有觉等殿,皆奉佛事。《宫阙簿》:陈又有三善、长春、胜辩等殿,又为嘉禾、崇政、承香、柏梁、延昌、神仙、永寿、七贤、璿明、延务、龙光、至敬、璇玑、先昭、大政、柏香诸殿。

续表

宫阙	相关条文摘录
南唐宫	在今内桥北。《五代史》:清泰元年,吴徐知诰治私第于金陵,乙未迁居于私第,虚舍以待吴王。吴王诏知诰还府舍。甲申大火,乙酉又火,知诰疑有变,勒兵自卫,己丑复入府舍。天福二年,知诰建太庙、社稷,牙城曰宫城,堂曰殿。《南唐书》:即金陵府为宫,惟加鸱尾栏槛而已,终不改作。《江南野录》:初,台殿各有鸱吻。乾德以后,天王使至,去之,还,复用。《通鉴长编》:庆历八年,江宁府火,李璟大建宫室府寺,皆拟帝京。时营兵谋乱,伏诛,既而火。知府事李宥惧有变,阖门不救,延烧几尽。唯存一便殿,乃旧玉烛殿也。
宋行宫	即南唐宫地。宋天禧二年,真宗诏以昇州为江宁府,册命皇太子行江宁尹,充建康军节度使,追封昇王。仁宗即位,进昇为大国。建炎元年,李纲请以建康为都。二年,驻跸神霄宫,诏改江宁府为建康府。绍兴二年,李光即府旧治为行宫,创后殿。宫门之内寝殿,南为朝殿,寝后有复古殿;东宫之后孝思殿;复古殿西,小射殿;御教场北,大射殿。

表4-3 《金陵世纪》中的楼馆亭阁

楼馆亭阁	相关条文摘录
吴别馆	在句容县。《述异记》云:吴王夫差立春宵宫,为长夜之饮,造千石酒钟,又作天池。池中造青龙舟,日与西施为水嬉。又有别馆在句容,楸梧成林。《古乐府》云"吴宫楸,吴王愁"是也。
吴客馆	《丹阳记》:吴时馆在蔡洲,上以舍远使。晋陶侃尝屯兵于此。
孙吴落星楼	在上元县东北,临沂县前。吴大帝时,山置三层楼,故名。《吴都赋》"飨戎旅于落星之楼"是也。宋志云:落星墩疑即其处。

续表

楼馆亭阁	相关条文摘录
晋人汉楼	在石头城。义熙八年,于石头城南起高楼数丈,入于云霄。连堞带于积水,故名。
冶城楼	在朝天宫西偏,卞将军墓侧。晋谢安、王羲之同登冶城楼,悠然遐想,有高世之志。嘉定四年重建,接于忠孝堂。
东冶亭	旧志云:在城东八里。《续志》云:在城东二里汝南湾,西临淮水。晋太元中,三吴士大夫于汝南湾东南置亭,为饯送之所,西临淮水,即当时冶处。谢安为扬州,袁宏为东阳郡,祖道于冶亭,群贤毕集。《南史》:王裕之元嘉六年迁尚书令,固辞,表东迁,改授侍中。车驾亲幸东冶饯送。
乐贤堂	旧在台城内。晋肃宗为太子时,苏峻作乱,宫室尽毁,惟此堂存。云宫城西南角外,有清游池,通城中乐贤堂。晋咸和七年,彭城王纮上言:"乐贤堂有先帝手画佛像,屡经寇难,而此堂犹存,宜敕作颂。"下其议。蔡谟曰:"佛者,夷狄之俗,非经世之制。先帝量同天地,多才多艺,偶戏及此者,至谓雅好佛道,则未闻也。"其事遂寝。
新亭	在城西南十五里,近江渚,今石子冈云是亭处。《丹阳记》:陆安中、司马恢徙创于此。《世说》:过江诸人,每暇日辄出新亭,籍卉登饮。周颉在座,叹曰:"风景不殊,举目有江山之异。"相视流涕。丞相导愀然变色,曰:"当共戮力中原,何至作楚囚对泣耶?"宁康元年,桓温来朝,屯兵新亭,召王坦之、谢安,共发其壁,温为却兵,笑语移日。
征虏亭	在石头坞,太元中创。《丹阳记》:太元中,征虏将军谢安止此亭,因名。《南史》:何尚之迁吏部郎,归省,送别于冶渚,父叔谓曰:"闻汝来,倾城相送。此送吏部郎,非送何彦德也。昔殷浩亦尝作豫章,送者甚众。及废徙东阳,舡泊征虏亭积日,乃至亲旧无复相窥者。"《徐铉集》:征虏亭下,南朝送别之场。

续表

楼馆亭阁	相关条文摘录
劳劳亭	旧志:城南十五里。《舆地志》:新亭陇上有望远亭。宋元嘉中,改名临沧观,又改劳劳亭。
宋景阳楼	旧志:在法宝寺西南,精锐中军寨内,遗址尚存,中为景阳台。《舆地志》云:宋元嘉二十二年,修广华林园,筑山造楼,名景阳。孝武大明元年,紫云出景阳台,状如烟,回薄久之。诏改紫云楼。齐武帝置钟于楼上,令宫人闻钟起妆。
烽火楼	在石头城西南最高处,吴时举烽火处也。宋元嘉中,魏太武至瓜步,声欲渡江,始议北征侵,朝士多有不同。至是,文帝登烽火楼极望,不悦,谓江湛曰:"北伐之计,同议者少,今日贻大夫之忧,在予过矣。苏峻之乱,温峤入讨,舟师直指石头。峻登烽火楼望,见士众之盛,有惧色,谓左右曰:"吾知峤之得众也。"
武帐堂	元嘉中建于武帐冈上。二十二年,文帝宴于武帐堂,诸子至会所,日旰,所赐馔不至,皆为饥色。上曰:"汝曹少长丰逸,不见百姓之饥寒。今使汝曹有饥苦,知以节俭斯物。"
招隐馆	在草堂寺侧。宋雷次宗召诣京邑,为筑室于钟山西,谓之招隐馆。
商飙馆	在蒋庙西南,即九日台。齐武帝永明五年,立于孙陵冈侧。
玄武观	在玄武湖上。《南史》:帝临玄湖馆阅武,即此观也。蔡景历拜度支尚书日,驾幸玄武观。恐景历援旧式,午后拜官,不预,特令早拜,重之也。
通天观	旧在华林园内。宋元嘉中,与景阳楼同造。按:晋武帝讲《孝经》于通天观,晋已有矣。
齐青漆楼	在台城内。《齐书》:世祖兴光楼上施青漆,时人谓之青漆楼。东昏侯曰:"武帝不巧,何不纯用琉璃?"
穿针楼	旧在华林园,宋层城观。《舆地志》云:齐武帝七月七日使宫人集层城观,穿针乞巧,号穿针楼。

续表

楼馆亭阁	相关条文摘录
水亭	在齐南苑中,乃陆机故宅。王处士水亭亦在凤台南,傍秦淮。
木牛亭	在江宁县西南七十里处真乡。相传有香木浮来,人取之,为木牛亭,又名木龙亭。
梁朝日楼、夕月楼	在华林园。《宫苑记》云:梁武帝于景阳山次东岭起通天观,观前起重阁,上曰重云殿,下曰光严殿。殿当街起二楼,左曰朝日,右曰夕月。阶道绕楼九转,极其巧丽。
观稼楼	在城东二十五里,梁武帝造。
瓦棺阁	在城西南隅,瓦棺寺阁也。伪吴顺义中,改寺名吴兴阁,亦名吴兴寺。南唐昇元初,改寺为昇元寺,亦曰昇元阁。《运历图》云:开元中,瓦棺寺阁久西南倾,因风一夕自正。《南唐书》:阁因山为基,高可十丈,平旦,阁影半江。开宝中,王师收复,士大夫暨豪民富商之家妻女少妇避难于阁上,迨数千人。越兵举火焚之,哭声动天,一旦而烬。
仪贤堂	在都城宣阳门内,乃策士之所,旧名听讼堂,梁名仪贤堂。梁大通中,有四人皆年七十余,鹑衣蹑履行丐,经岁无识之者。武帝召入仪贤堂,赐以汤沐,解御衣衣之。所问天文、术数、儒典、释教、百家,无不随答,甚异之。昭明太子因与之交。
士林馆	大同五年,在台城西立士林馆,延集学者。
陈临春阁、结绮阁、望仙阁	至德二年,后主建。《宫苑记》:三阁在华林园天泉池东,光昭殿前,高数丈,并十数间。窗牖户壁栏槛之类,皆以沉檀为之,风动,香闻数里。又饰以金玉,间以珠翠,外施珠帘,内设宝帐,其服玩瑰丽,近古所未有。其下积石为山,引水为池,植以奇树,杂以名花。后主自居临春阁,张丽华居结绮,龚、孔二贵妃居望仙,并复道交相往来。使女学士与狎客赋诗,采其尤艳丽者以为词,被以新声,名《玉树后庭花》。丽华聪慧有神采,尝于阁上靓妆,临轩槛,望之飘若神仙。

续表

楼馆亭阁	相关条文摘录
青溪阁	在青溪上，尚书江总所居。
齐云观	在古台城内，陈时建。陈后主令采木湘洲，拟造正寝，至牛渚矶尽没。既而渔人见筏于海上。复起齐云观，国人歌曰："齐云观，寇来无际畔。"
婚第	《陈书》：六门之外有别馆，为诸王冠婚之所，故名。
甘露亭	在钟山乡。陈大建七年闰九月，甘露三降乐游苑，诏于苑内覆舟山上立甘露亭。
唐孙楚酒楼	在城西。李白玩月城西孙楚酒楼，达晓歌吹，日晚乘醉，着紫绮衣、乌纱巾，与酒客数人棹歌秦淮，往石头访崔四侍御。
白下亭	驿亭也，在旧东门外。李白《与当涂令从叔诗》："小子别金陵，来时白下亭。"又："邀予白下亭。"
南唐百尺楼	南唐宫中。《类说》云：唐主于宫中作高楼，召群臣观之，众皆叹美。萧俨曰："恨楼下无井耳。"问其故，对曰："恨不及景阳楼耳。"唐主怒，贬于舒州。
绮霞阁	亦在宫中，与百尺楼相近。
涵虚阁	南唐后湖东宫园内。
澄心堂	不详所在。《王直方诗话》云：澄心堂纸，江南李后主制。
翠微亭	在清凉寺山顶，南唐所建。宋淳祐中，总领陈公绮创制，石城登临最嘉处也，今不存矣。
罗江亭	《古今诗话》云：李煜作罗江亭，四面栽红梅，作艳曲歌之。韩熙和云："桃李不须夸，烂熳已输绝。春风一半时，淮南已归国。"
望湖亭	在鸡笼山上。
高斋	见"台苑"。
宋钟山楼	在建康府治。淳祐十年，吴渊建，下有镇青堂。楼正对钟山，故名。

续表

楼馆亭阁	相关条文摘录
忠勤楼	亦在府治,与钟山楼并淳祐十年建。
东南佳丽楼	即今江宁县地古银行街,名赏花楼,废。景定初,马光祖建,更名。
伏龟楼	在城上东南隅。
玉麟堂	在府治,取留守玉麟符之义。
芙蓉堂	在前江宁府治内,后入行宫。王介甫诗云:“芙蓉堂下疏秋水,且与龟鱼作主人。”
锦绣堂	在忠勤楼下,理宗御书堂额。
筹思堂	在转运司治内,本筹思亭。王荆公、范宣公皆有诗,绍兴二十年改建。
郑侠读书堂	在清凉寺侧。侠,闽人,父翚,江宁府监税。治平二年,侠下第,随侍于江宁,得清凉寺一屋读书,惟冬至元日归省。时王荆公持服寓江宁,声迹相闻,因鄱阳杨骥语之曰:“郑监税子读书清凉寺,闻其名,可一相就。”骥往,值大雪,以酒食会晤。侠赋诗,有“漏随书卷尽,春逐酒瓶开”。荆公闻之,甚称赏。明年治平四年,侠举进士甲科,荆公相见甚厚。后屡谏青苗,被谪。
昭文斋	在钟山定林庵,王安石尝读书于此。米芾榜曰“昭文”,李伯时画安石像于壁。
赏心亭	在下水门之城上,下临秦淮,尽观览之胜,丁谓建。《湘山野录》云:丁晋公镇金陵,建赏心亭,以周昉所画《袁安卧雪图》张于亭屏,经郡守十有四人,虽极爱,不敢辄取。后为一守以凡画芦雁竟易去。《续志》云:丁谓始典金陵,陛辞,真宗出八幅《袁安卧雪图》付谓,曰:“卿至金陵,可选一绝景处张此图。”谓张于赏心亭。按,《湘山野录》、《苕溪集》、《金陵纪事》皆言此图为谓家藏,不言御赐,且《宋史》并无赐画事。谓恐虑人取去,而张大其事。景定庚申四月火,自龙王庙楼大军仓,马光祖至仓所叩头,祈天反风,仓果不及火,而赏心亭在反风处,遂毁。光祖曰:“仓储民命所关,亭可重建。”

续表

楼馆亭阁	相关条文摘录
白鹭亭	城上,在赏心亭之西,下瞰白鹭洲,柱间有苏轼题。
览辉亭	在保宁寺后,凤皇台侧。《景定志》云:有碑,不可读,但“熙宁三年”可辨。
折柳亭	在赏心亭下,张咏为建祖饯所。
练光亭	在保宁寺,即瓦棺寺基,可观大江,故名。黄鲁直云:“练光亭极是登临胜处,然高寒不可久处。若于亭北穿土石,作一幽房,置茶炉,设明窗,殊胜。不尔,于方丈北有屋两楹,一开为轩,名物外;一作虚窗奥室,曰凝香。奥密而高明,乃佳。”
此君亭	在华藏寺,盖竹所也。
半山亭	在钟山,即宋王安石故宅。安石尝赋诗十五首。
忠孝亭	在冶城,卞壶墓侧,宋叶清臣命名。
国朝阅江楼	在狮子山首,洪武七年建。太祖皇帝御制《楼记》,其略曰:“宫城去大城西将二十里,抵江干,曰龙湾,有山蜿蜒如龙,号曰‘卢龙’,近视实体狻猊之状,故赐名曰‘狮子山’。天霁登峰,使神驰四极,无所不览,金陵故迹,一目盈怀。洪武七年春,命工因山为台,构楼以覆山首,曰‘阅江楼’。此楼之兴,岂欲玩燕赵之窈窕,吴越之美丽,飞舞盘旋,酣歌夜饮,实在便筹谋以安民,壮京师以镇遐迩。今楼成矣,碧瓦朱楹,檐牙摩空而入雾,朱帘风飞而霞卷,倚雕阑而俯视,岂不壮哉!”
建鼓楼	在鸡笼山之西。
钟楼	在鼓楼之西,皆极其壮丽雄伟,为京师之首观也。
南市楼	在城内,斗门桥东北。
北市楼	在乾道桥东北。
鸣鹤楼	在西关中街之北。
醉仙楼	在西关中街之南。
轻烟楼	在西关南街。

续表

楼馆亭阁	相关条文摘录
淡粉楼	与轻烟楼相对。
翠柳楼	在西关北街。
梅妍楼	与翠柳楼相对。
讴歌楼	在石城门外。
鼓腹楼	与讴歌楼相对。
来宾楼	在聚宝门外之西。
重译楼	在聚宝门外之东。
集贤楼	在瓦屑坝西。
乐民楼	在集贤楼北。
尊经阁	在府学。靖难师至,周纪善以德知不可为,留书别。杨士奇等率同志悉死于此。大学士李东阳《乐府》云:“尊经阁,阁高不可攀。前有宣尼宫,后有钟陵山。”寻灾,今重建。
凭虚阁	在鸡笼山寺后,据山背城,极爽垲处。前临国学,城中一览殆尽,为宴饮所。
弘济阁	在观音门外,幕府山之东。据山绝壁半处,下临大江,梯极危峻,上凭□□空眺远,盖极佳处。下有弘济寺,亦名弘济阁,江中望之,如仙山也。
芙蓉阁	在牛头山之南,芙蓉峰下,即懒融所栖。北岩后峰下有寺,名华岩。成化间,北僧自斫木为阁。
大观堂	在华岩寺之西,有堂七楹,前设石槛,直对牛首山,望之俨如画屏列也。
归云亭	在献花岩东,有云常宿于此,故名。
木末亭	在雨花台东永宁寺山。
翠微亭	在清凉山巅,旧创,屡废,寺僧重建。本朝学士李东阳诗云:“城中一览无余地,相外空传不二门。”

续表

楼馆亭阁	相关条文摘录
大观亭	在燕子矶临江最胜处。上有俯江亭,下有水云亭,并为殊绝。
东麓亭	在冶城山之东,眺览,得城之半。

表4-4 《金陵世纪》中的山川名胜

山川名胜	相关条文摘录
钟山	金陵之镇山也。《地纪》云:秦始皇时,望气者谓金陵有天子气,乃埋金玉杂宝以厌之。庾阐《扬都赋》又云:时有紫气,名紫金山。汉末,秣陵尉蒋子文逐盗,死于此。吴大帝为立庙,封蒋侯。大帝祖讳钟,改曰蒋山。诸葛亮云:钟山龙蟠。《地纪》云:蒋山原少林木,东晋及刘宋时,令诸州刺史归田者,栽松三千株,下至郡守有差。宋散骑常侍刘勔筑山之南为栖息,朝士雅素者多从之游。文帝为雷次宗筑室山之西岩,谓之招隐馆。齐周颙于山之西立隐舍,遇休沐则归。仍造草堂寺,以处僧慧约,寺即颙居也。后出为令,孔稚圭作《北山移文》讥之。梁武帝于山西置大爱敬寺,江表上巳日多游于此。阮孝绪母疾,药须生人葠,旧传钟山产,遍历幽险,不得。忽一鹿前导,至则得之。《寰宇记》:自梁以前立佛寺七十所,今存者六。陈后主与张机游是山,以松枝代麈尾。大历中,处士韦渠牟隐此山,号遗名子。颜真卿题其堂曰“三教会宗堂”。内有定林寺,王安石读书于此,米芾榜曰“昭文斋”,李伯时写荆公像于壁。梁天监中,有胡僧寓锡于此。山中乏水,遇一庞眉叟。曰:“知师渴饮,措之无难。”俄而一沼沸出。后西僧继至,云本西域八池,已失其一。自梁以来,取给御府,饮之可愈疾。国朝园寝在焉。嘉靖中,诏名神烈山。

续表

山川名胜	相关条文摘录
石头山	《吴苑记》:周显王三十六年,楚置金陵邑于石头。《江乘记》:吴之石头,犹楚之九疑也。汉建安十六年,孙权修治,名石头城。诸葛亮云:石头虎踞,真帝王之宅。《丹阳记》:石城,吴时悉土坞。义熙初,始因山累甓为城,因江为险,谓石头城。《建康实录》云:晋元帝永康元年,王敦收周颛、戴渊于石头东塘石上,百姓冤之,纪其处。苏峻据石头,王师既集,峻攻大业。陶侃将救之,殷羡曰:"若救大业,不如急攻石头。"峻果救石头,弃大业。安帝时,宋高讨卢循,移镇石头。义熙六年,帝登石头,谓江湛曰:"使檀道济在,虏敢犯吾境耶!"梁侯景反,陈武帝与诸军进。景登石头,望官军盛,不悦。以舣艕贮石,沉塞淮口,缘淮作城,自石头迄青溪十余里,楼雉相接,帝于石头西横垄筑栅,悉力乘之,景大溃。隋帝置蒋州城。唐韩滉筑五城,穿井皆百尺。
覆舟山	北临玄武湖,东连钟山,西接鸡笼山。晋立北郊坛,筑园垒。陈宣帝幸乐游苑,采甘露,宴群臣。鲍照有《侍宴覆舟山诗》。
鸡笼山	覆舟山之西,后临玄武湖。宋元嘉十五年,立儒馆于北郊,命雷次宗居之,次宗因开馆于鸡笼山。齐高帝尝就次宗受《礼》及《左氏春秋》。竟陵王子良尝移居山下,集四学士抄五经、百家,为《四部要略》千卷。元、明、成、哀四帝陵皆在山南。国朝列十庙于上,山顶设浑天仪测象,又名钦天山。
幕府山	城东北,东临直渎,西接宝林,南接蟹浦。《舆地志》云:晋元帝渡江,丞相导建幕府于此。《三国典略》:齐师伐梁,周文育抽槊上马杀伤数百人,齐军大败。《陈史》载:霸先自率麾下兵,出幕府山,与吴明彻战,破齐军四十六万。宋明帝陵,王导、温峤墓俱在山之西。
卢龙山	在城西北隅,都城环绕于内。晋元帝渡江,以山象北地卢龙,故名。又名狮子山,形相似也。上有阅江楼、卢龙观。

续表

山川名胜	相关条文摘录
四望山	在定淮门内。吴大帝尝与葛玄共登。凤皇二年,杀司市郎中陈声,投于山下。晋苏峻反,温峤奉陶侃于山筑垒以逼贼,设伏,以逸待劳,制贼之一奇也。
马鞍山	与卢龙、四望相接。旧志载鲁肃以铁锁横江事,非此地之山,鲁肃亦缪。
大壮观山	东临钟山,南临玄武湖。陈宣帝起大壮观于此山,因名。大建十一年八月,幸大壮观阅武,命都督在领步骑十万陈于湖上,登真武门观宴群臣,因乐游苑振旅而还。
直渎山	在大壮观山北,至下渎。温峤讨苏峻,遣王愆期次兵于此。
临沂山	在城东北四十里,北接落星山,西临大江西南。晋筑临沂县城。
雉亭山	北与临沂相接。《古迹编》:齐武帝游钟山,射雉于此。又云:吴大帝见蒋帝神执白扇乘马,人呼骑亭山。
衡阳山	城东北四十五里,清风乡东,南接雉亭山。旧志:朗法师于此见衡阳神女听讲,因名。
白山	城东三十里,东接竹堂,南接钟山。《南史》:梁散骑韦载有田四十余顷,居此山十年。
苻坚山	北接大城山。谢玄破秦归,陈营垒,比苻坚驻跸之处,因以为名。
摄山	城东北四十五里。《舆地志》:江乘县西北,有扈谦所居,侧名摄山。又因山多药草,可摄生,因名。《南史》:齐明僧绍住江乘,后舍宅为寺,今栖霞寺也。江总碑:僧绍子仲璋为临沂令,于西峰石壁与度禅师镌造石佛,名千佛岭。齐文惠太子、豫章、竟陵诸王增饰之。岩数百,随其深浅广狭,为佛之大小,惟正一岩,高可五丈,中具无量寿佛,高仅四丈,左具势至,右观音,俱可三丈余。下为天开岩、白乳泉,殊奇特。有沈传师、徐铉、张稚圭、王雱、祖无择旧题名。《江乘记》:陈霸先大败齐师,虏萧轨于此。

续表

山川名胜	相关条文摘录
武冈山	城东二十五里。有石佛,相传武后造。
青龙山	城东三十五里。南唐后主尝猎于此。
祈泽山	东三十五里,东连彭城,北连青龙。旧经云:初,法师结茅于此,有龙女听经,泉涌出。后为祈祷所。
张山	东三十里。《南史》:钦明后葬江乘张山,即此。
土山	一名东山,城东南二十里。晋石季龙入寇,蔡谟所戍,自土山至江乘。太元八年,秦苻坚师次淝淮,命谢安征讨。谢玄问计,安曰:“已别有旨命。”出土山张燕,与玄围棋赌墅。夜还,乃指将略,各当其任。《晋书》:谢安居会稽东山,筑土拟之,亦名东山,楼馆林竹甚盛。
石硊山	城东二十里。《祥符图经》:枕淮大垄皆石,故名。《舆地志》:秦始皇时,望气者谓有天子气,凿垄以压之,石硊乃断处也。
方山	一名天印山,在城东南四十五里,秦皇凿淮水处。吴大帝为葛玄立观于此。宋何尚之为尚书令,致仕,居方山。齐武帝幸方山,曰:“朕欲经始山之南为离宫。”徐孝嗣曰:“绕黄河,款牛首,乃盛汉之事。今江南未广,愿少留神。”乃止。徐嗣徽兵至,齐人跨淮立栅,度兵夜望方山,嗣徽等列栅于青堆,至于七矶,以断周文育归路。文育鼓噪而发,嗣徽等不能制。今方山南有青堆埠,即其地。
彭城山	有彭城馆,城东四十五里,连祈泽、青龙。
大城山	东七十里,连雁门、竹堂。
雁门山,竹堂山	皆相连属。
紫岩山	城南。《丹阳记》:秣陵县南岩山,西有石室,山东大道,左有方石长一丈,勒名赞美功德,孙皓所建。宋孝武改曰龙山。太始中,建平王休祐于岩山射雉,日欲暮,明帝遣左右寿寂之等逼休祐坠马,因共殴杀之。

续表

山川名胜	相关条文摘录
戚家山	天禧寺东,韩熙载居。
聚宝山	雨花台侧,山有玛瑙石。
牛头山	城南三十里,山有东西二峰。王导指双峰为天阙,又名天阙山。梁武帝建寺于石窟下,曰仙窟。中有石鼓,天将雨,则石鼓自鸣。
阴山	西南十二里。王导梦阴山神,立庙山下。
三山	城西南三十七里,下临大江,三峰排列,故名。晋王浚伐吴至三山,即此。鲍照、谢朓有《晚登三山还望京邑》诗。
烈山	在府西南七十里,临大江。宋晁无咎诗云:"山如浮玉一峰出,江似海门千顷开。我欲此中成小隐,莫教山脚有舡来。"山近烈洲,因名。陈永定初,侯瑱败王琳兵于此。以瑱功烈甚盛,故名,立庙祠之。宝祐初,有僧披荆棘,建庵其上,名为"江心护国寺",今尚存。
慈姥山	在城西南七十里,孝子丁阑有祠,故名。积石临江,生箫管竹,王褒《洞箫赋》称,即此。
燕子矶	在观音门外,建有关王庙、武庙。南幸祈灵有应,因重新之。北俯大江,与弘济相望,亦真境也。
金陵冈	在城西。旧传始皇厌东南王气,铸金人埋于此。有碣文云:"不在山南,不在山北,有人获得,富了一国。"不知所谓。
大江	自和州界北流至三山,经卢龙、幕府、观音诸山,相对瓜步山、石帆山,抵仪真界,东流一百二十里。《吴书》:魏文帝有渡江之志,望江水盛长,弥漫数百里,引退叹曰:"魏虽有武骑千群,无所用也。"《江南野史》:周世宗问孙忌江南虚实,忌曰:"长江千里,险过汤池,可敌十万之师。"陈孔范曰:"长江天堑,岂能飞渡耶?"刘旺曰:"金陵,天险也。"
秦淮	秦始皇凿方山长垄为渎,故曰秦淮。其源一出句容之华山,一出溧水东庐山,合源于方山埭,西流经青溪,

续表

山川名胜	相关条文摘录
	北入大江。吴夹淮立栅,名栅塘。东晋于淮上设航二十有四,南北以达都城。朱雀航即朱雀门处,盖据淮为阻,有事则撤航为备。唐末,杨行密据昇州,筑城,贯淮水于城中,即今通济水关。水入城,经武定、镇淮、新桥、上浮、下浮,出水西关外,缘石城,而北入江者,是也。
青溪	吴赤乌四年,凿东渠,名青溪,通北堑,以泄玄武湖水,南接秦淮。自杨溥城金陵,青溪遂断而湮塞矣。宋志谓竹桥西北接后湖者,遗迹犹在,城内者惟上元县南,西循府治,经旧内旁,达洞神宫、淮清桥,是也。《舆地志》:青溪发源钟山,溪口埭侧神祠曰青溪姑。溪旧有七桥。晋郗僧施尝泛舟青溪九曲,一曲赋一诗。《京都记》:京师鼎族在青溪埭,孙玚、江总宅并列溪北。晋王含帅王敦余党自竹格渚济,沈充自青溪会之。齐高帝先有宅在青溪,生武帝,即位,以宅为青溪宫。卞彬于东府谒齐高帝,时为齐王。彬曰:"殿下即东宫府,则以青溪为鸿沟,东为齐,西为宋。诗云:'谁谓宋远,跂予望之'。"遂大忤旨。《景定志》:建元寺东南有桥,名募士桥,吴大帝募勇士处。有鸡鸣埭,齐武帝游钟山,至此鸡鸣。吴郗俭所开,在苑城后,建康宫北堑也。
玄武湖	《晋实录》云:宝鼎二年,开城北渠,引湖水入新宫。宋元嘉中,有黑龙见,名玄武湖,立三神山于湖,祠之。孝武大明中,大阅水军于湖,号昆明池。又于湖侧作大窦八,华林园、天渊池,引殿内诸沟,经太极殿,注南堑。《南唐近事》:湖周数十里,幕府、鸡笼二山环其西南,蒋山诸峰列其左,山川掩映如画,六朝旧迹多出其间。一日,诸老坐朝堂,语及冯谧,举唐赐贺监镜湖事,曰:"非敢望此得后湖,一畅平生也。"徐铉曰:"主上尊贤下士,常若不及,岂惜一湖?所乏者知章耳。"冯大惭。国朝立黄册库于湖中,给事中、户部主事各一人掌之。东北为法台。而六朝清赏之事绝矣。

续表

山川名胜	相关条文摘录
运渎	吴大帝赤乌三年,使郗鉴凿,自秦淮北抵仓城,通运于苑仓。宋志云:其水东行过小新桥,南经斗门桥入秦淮。又东北过西虹桥,与青溪会,今渐湮塞矣。
直渎	东北接竹筱巷,流入大江。或言有王气,孙皓恶之,凿为渎。杨条诗注云:初凿时,昼穿,夜复塞,经年不就。一病夫卧其侧,夜见鬼物来填,因嗟曰:“何不以布裹盛土,弃之江中,免殚力也。”病者闻,明日告有司,如其言,乃成。
燕雀湖	在城东二里,流入青溪。相传今走马桥东,有水平阔,是也。或曰白荡湖即其地。《穷神秘苑》云:梁昭明太子有一琉璃碗、紫玉杯,既薨,置梓宫。后更葬,为阉人携入大航,有燕雀数万击之。武帝闻而异之,以赐太孙。封坟之际,复有燕雀数万衔土助封,坟侧有湖,后人因名。
太子湖	一名西池,在城北六里,吴宣明太子所创。晋明帝为太子时,修西池,多养武士。《实录》云:肃宗尝于宫城西凿清游池,通乐贤堂。太元十年,苻坚为姚苌、慕容冲所攻,诏谢安率众攻秦,帝自行西池饯安,赋诗者五十八人。
慈湖	在江宁县南五十里,与慈姥山相连,故名。今废为田,亦南北通衢也。
九曲池	一名善泉池,在台城东。梁昭明太子所凿,中有亭榭洲岛,泛舟,有诗云:“何必丝与竹,山水可忘情。”
珍珠河	在今国子监成贤街南,即南唐城濠通处也。有桥,名珍珠桥。旧志:亦在台城陈后主宫内,尝与妃子泛舟,遇雨,指浮沤为珠,故名。
南唐城濠	东自大中桥,北通玄津,西绕北门桥,又南自通济门以外,缘城而西,过聚宝桥又北流,自三山、水门,与秦淮合者,是也。
栅塘	在秦淮上。《晋书》云:王敦反,遣其子充率众与王含合,寻败于此。郭璞遇王敦害,谓刑者伍伯曰:“吾昔

续表

山川名胜	相关条文摘录
	于栅塘脱袍与汝，以命应在汝手耳。”伯因衔涕挥刃，盖其定数云。
新林浦	在今西善桥处，去城西十八里。郦道元《水经》“西对白鹭洲”、谢朓《之宣城出新林浦》者，皆其处。
西浦	在府南，一名顷口。昔桂阳张硕遇神女杜兰香，有诗云：“天上人间两渺茫，不知谁是杜兰香。来经玉树三山远，去隔银河一水长。”
蘼芜涧	在上元县东三十里。《金陵故事》谓齐处士刘瓛居此，刘瓛为当时儒林之宗，仕至四十未婚，其友为娶王氏，乃诣涧折蘼芜而去，因名。
东涧	在钟山宝公塔西。石迈《古迹编》云：梁处士刘讦隐居之所。讦好读古书，尤精释典，尝游诸名山听讲，因卜筑于宋熙寺东涧，遂告终焉。
白鹭洲	在府西南大江中。李白诗：“二水中分白鹭洲”。曹彬尝大破江南驻兵于此。
桐树湾	在长乐桥南，旧植桐树甚繁，因名。

表 4-5 《金陵世纪》中的台苑

名称	相关条文摘录
越王台	在聚宝门外大报恩寺西，宋江宁县尉廨后，恐即范蠡所筑城台也。齐崔慧景寇建康，萧懿入援，屯越城，举火城上，鼓噪相庆。
吴烽火台	在石头城最高处。吴时举烽火于此。自建康至西陵五千七百里，有警急，半日而至。
华林园	在台城内，吴宫苑也。《世说》：晋简文帝在华林园，谓左右曰：“会心处不必在远，翛然林水，便有濠濮间趣，觉鸟兽禽鱼自来相亲。”《建康宫簿》云：宋元嘉中，营蔬圃。二十二年，更修广之，凿天泉池，造景阳楼、大

续表

名称	相关条文摘录
	壮观、花光殿,设射堋。又凤光殿、醴泉堂。《宋书》:何尚之见造华林园在盛暑时,谏宜休息,不许。曰:“小人常自暴背,此不足为劳。”《运历图》:齐高帝建元二年,幸华林园。褚彦回弹琵琶,王僧虔弹琴,又沈文季为《子夜吟》,王俭诵《封禅书》。帝曰:“盛德事,吾何以堪?”武帝子巴东王响既诛,久之,帝游华林园,见一猿跳踯悲鸣,左右曰:“猿子前日坠崖死。”帝遂思响,呜咽不胜悲恨。
桂林苑	《宫苑记》:在落星山之阳。《吴都赋》云:“数军实于桂林之苑”,即此苑也。
晋西园	一名别苑,在冶城。晋安帝元兴三年春,桓玄筑别苑于冶城。《舆地志》:王导疾作,徙冶城为西园,成帝幸司徒府,游观西园,即此。
周处台	宋志:在城南鹿苑寺后。《晋书》:周处字子隐,仕吴为东观左丞,有台于此。嘉祐中,太常梅挚为记,言处改行,以激当世。
谢玄别墅	见土山注下。
郭文举台	宋志:天庆观太乙殿,即郭之书台处。《金陵故事》:文举为王导所重,筑台于冶城以处之。文举尝手探虎鲠,导问其故。文举曰:“情由想生,不想即无。虎之杀人,由吾有杀兽心也。”
谢公墩	宋志云在半山寺后,屡辨,不知所在。
宋凤皇台	宋志:在保宁寺后。宋元嘉十六年,秣陵王觊见异鸟,文彩五色,众鸟翼于此。
乐游苑	《寰宇记》:其地在覆舟山南。《舆地志》:在晋为药圃。义熙中,卢循反,刘裕筑药圃垒以拒循,即此地。宋元嘉中,以其地为北苑,更造楼观于覆舟山后,改为乐游苑。十一年三月,禊饮于乐游苑,会者赋诗,颜延之为序。孝武大明中,造正阳、林光殿于内,侯景乱,皆毁。

续表

名称	相关条文摘录
上林苑	《宫苑记》:在鸡笼山东,归善寺后。《实录》:宋大明三年初,筑上林苑于玄武湖北。孝武立,名西苑。梁改名上林,其地有饮马池,西有望宫台。
南苑	在瓦棺寺东北。宋明帝末年,张永乞借南苑。帝曰:“且给三百年,期满更请。”后帝葬于此。梁改名建兴苑,在秣陵建兴里。侯景攻台城,裴之高营于南苑,即此。
柳元景菜园	《宋书》:元景不营产业。秦淮南有数十亩菜园,守园人卖菜,得钱三万,送还宅。元景怒曰:“菜以供家人啖耳,乃争百姓利耶?”以钱给园丁。
齐九日台	在蒋庙西南,俗呼为松陵冈。齐武帝永明五年四月,立商飙馆于松陵冈,世呼为九日台。《十道四蕃志》:武帝九月九日宴群臣于松陵冈,即吴大帝蒋陵。《齐书》:高祖以九月九日登商飙馆,宴群臣,讲武习射,应金风之气。
东篱门园	在东府篱门内。《南史》:何点世信佛,居东篱园。孔德璋为筑室,豫章王嶷命驾造点,从后门遁去。竟陵王良闻之曰:“豫章王尚望尘不及,吾当望岫息心。”后点在法轮寺,子良就见之。点角巾登席,子良欣悦无已,遗点嵇叔夜酒杯、徐景山酒枪。园有卞忠贞冢,点植花冢侧,举酒必酹之。今祠恐其地。
博望苑	在城东七里,齐文惠太子所立辅公拓城是也。沈约《郊居赋》云:“睇东巘以流目,心怀惨而不怡。昔储皇之旧苑,实博望之余基。”谢玄晖《游东田诗》:“鱼戏新荷动,鸟散余花落。”即此。宋志云:城北七里,钟山下。
娄湖苑	齐武帝永明元年,望气言娄湖有天子气,筑青溪旧宫,作娄湖苑,以压之。陈更加宏壮,后地为光宅寺。
芳林苑	《寰宇记》:一名桃花园,本齐高帝旧宅,在湘宫寺前巷,青溪侧。及即帝位,修旧宅为青溪宫,名芳林园,后改为芳林苑。永明五年,禊饮于苑,王融《曲水宴诗序》云:“载怀平浦,乃眷芳林。”梁天监初,赐南平为第,益增穿筑。萧范为记言:“藩邸之盛,莫过于此。”

续表

名称	相关条文摘录
玄圃	齐文惠太子性奢丽，宫中多雕稀精绮，过于王宫。开拓玄圃与台城、北堑等，楼观塔宇，多聚奇石，妙极山水。虑帝望见，傍列修竹，内施高障，乃造游樯数百。《舆地志》：玄圃有明月观、婉转廊、徘徊桥，内作净明精舍。《梁书》：昭明太子于玄圃立馆，以迎朝士。番禺侯轨称此中宜奏女乐，太子不答，诵左思《招隐诗》："何必丝与竹，山水为清音。"轨大惭。
方山苑	《宫苑记》：在方山侧。齐武帝于方山盛起台观，谓徐孝嗣曰："立离宫于此，故胜新林。"孝嗣对曰："绕黄河，款牛首，汉之盛事，然江南久旷，人亦劳烦。"乃罢。初，新林立灵丘苑，故曰"故胜新林"。
芳乐苑	齐东昏侯即台城阅武堂为芳乐苑，山石皆涂以彩色，跨池水立紫阁朱楼，又于苑中立店肆，以潘妃为市令。又作土山，开渠立埭下苑中。时百姓歌云："阅武堂，种杨柳。至尊屠肉，潘妃沽酒。"
沈约郊园	在钟山下。约《憩郊园和约法师诗》云："郭外三十亩，欲以贸朝馆。繁蔬既绮布，密果亦星悬。"谢朓有《和郊园诗》。
梁雨花台	在城南二里，据冈阜最高处，俯瞰城闉，江山四极，无不在目。梁武帝时，有灵光法师讲经于此，天雨奇花，故名。《丹阳记》：江南登览之地，润州之甘露，姑熟之凌敲，建康之雨花。建炎兵后，遗址仅存。后人请均废院旧额，即雨花台基建寺。
昭明书台	在蒋山定林寺后，山北高峰上。乃梁昭明太子读书于此，遗址尚存。
青云观	在台城内，武帝时，有芝生于此。
江潭苑	其地在新林，路去城西南二十里。梁大同初立。《舆地志》：武帝从新亭凿渠通新林浦，又为池，开大道，立殿宇，亦名王游苑。未成，而侯景乱。
王骞墅	《南史》：王骞历黄门郎、司徒右长史，有旧墅在钟山，八十余顷，与诸宅及故旧共佃之。尝谓人曰："我不如

续表

名称	相关条文摘录
	郑公业,有田四百顷,而食常不周,以此为愧。"武帝于钟山西造大爱敬寺,骞墅在寺侧者,即王导赐田也。帝宣旨取之,骞曰:"此田不卖,若敕取,亦不敢言。"帝怒,评价取之。
南唐月台	胡宿《高斋记》:子城南北趋钟山为便,南唐李氏因城作台望月,人呼为月台。下临浚濠,北面覆舟,南对长干,西望冶城。立斋其上,高伫丽谯,广容宴息。用谢宣城燕坐之意,曰高斋。
北苑	在城北,不详其所。徐铉、徐锴、汤悦皆有《北苑侍宴》。序云:"望蒋峤之嵚崟,祝为圣寿;泛潮沟之清浅,流作恩波。"
宋半山园	宋志:在报宁禅院东。王荆公营居半山园,有诗示蔡天启,备述其事,谓:"今年钟山南,随分作园囿。"又《次吴氏女子诗》注云:"南朝九日台在孙陵曲街旁,去吾园数百步。"
绣春园	宋志:在府社坛东,隶运司。端平二年,高定子记云:昔得绣春堂于酒家,朅来将废,访其遗址,亦无知者。有造舡场余地,益以废圃,乃筑之。
国朝棕、漆、桐三园	并在钟山之阳,各植万株,供海舡战舰之需,免取于民。
花果园	在安德门内,植以供庙祀。
姜菜园	散在城隅。
苜蓿园	在城东,以处牧养。
靛园	在城西北。
红花地	在城内。
香稻园	在城东,以供庙祀。
太傅园	在都城东南隅,中山王之菜地。其裔孙徐君天赐者,乃括为郊薮,叠有峰峦,通有川泽,奇花异卉,蓊葱纷

续表

名称	相关条文摘录
	郁，曲道窅渺，高下掩映，虚亭邃阁，区宇不一。时复鼎仪周布，图史具陈，名流硕辅，随意所适，虽昔之华林、乐游，无逾其胜也。盖君之雅度闲情，不以贵盛自泰，觞俎流连，谓有陈孟公之风云。
冶城北园	魏国徐公鹏举之所筑者，广余百亩。公自嘉靖初即守留都，暇乃辟地作畦，手植花竹，为之堂以延宾旅，为之楼以就宴息，为之亭榭台馆岩壑以恣游览。旁通隙地，力田以供粢盛。至其月溪烟岛，柳堤松硐，逶迤爽垲，钩连而星布者，拟之洛阳名园，则富郑公称独盛云。
息园	在淮清桥东北，大司寇顾公璘栖息之所也。中置愿贤堂，腋以两庑，旁置小舍十余楹，以延四方之士。后置见远楼，高可三十尺，八窗轩豁，都城内外，属之一览。悬崖绝壑，萦回四达，而乔林清樾，则又掩映夫印月、宜晚诸亭，曲有幽思焉。盖公之文章勋业，烜赫当时。迨其归老也，人将指为晋公之绿野云。
逸园	在驯象门街南，与太保第相向。襄敏王公以旂之别圃也。公初为御史，终养家居。尝构小堂，题曰“乐寿”，言爱日也。旁有敝庐三楹，璧犹四立，乃公微时所居，虽及贵显，不令更饰，示敦本也。各具亭馆，仅容宴息，匝以修篁乔木，毋容人力，而芳馨自达。盖公之殊勋著于朝野，厚德被诸乡闾，拟之召棠莱竹，世弥远而泽弥长耳。竟以王事，不能主入五门，一朝安享，惜哉！
西园	在凤凰台迤南，徐君天赐之别墅也。峦樾靓深，灵区幽邃，近台则有凤游堂，临流则有泳游阁。而芳亭华馆，层见叠出，故虽不出城市，而景物娱人，若在世外。至其莳花木以养风烟，纡丘壑以跻霄汉，叠崟岑以象蓬岛，骋目畅怀，境与神会，盖其征奇萃美，甲于南国，寔前此所未有也。
快园	在武定桥东，隐居徐君霖所筑。中有翠筱清涟，芳林幽砌，台曰“振衣”，刻名公题咏。下有丽藻堂扁，乔白岩篆书；晚静阁扁，文衡山隶书。六角亭，标杨南峰

续表

名称	相关条文摘录
	《沁园春》词。隐居风流旷远,词翰大家,故一时豪贵悉礼下之,至其酣歌艳赏,可比习氏云。
凤台园	旁设丛桂庵,台为都城胜迹,而园则徐王孙绳勋所创。构堂于台之麓,结亭于台之端,悬厓以达台之畔,引流以淬台之余。凡其绣楹为阁,彩鹢为舟,萦纡窈窕,绮错□秀,盖据都会之华,而兼林壑之美者。即古之辟疆、环溪,似不多让也。
市隐园	在武定桥东,小径屈曲而入。鸿胪姚君淛所置。池可数亩,而园地倍之。面竹为中林堂,临池为鹅群阁。其他各具题名者,凡十有八。飞梁横槛,蜿蜒而旁达焉。至其石壁巉岩,林木森郁,幽禽宿鹭,群呼而杂处者,真城市中山林也。
同春园	在镇淮桥西。土沃而广,宗室齐君可涅尝考极相方,乃基而构之以堂,题曰“嘉瑞”。虚明宏达,绮丽璀璨,培以名花,俪以珍石,间之碧沼朱甍,瞰林亭而俯岩壑。凡耳目之所欣艳者,无一不可觞咏,矧燕游之士并出于八公者流,而小山《招隐赋》,或过于淮南者哉!

吴门画派大家文徵明(1470—1559)的侄子文伯仁为避倭寇曾迁居金陵栖霞山,作有《金陵十八景图》。该图像集为纸本设色册页,作于宣德笺本上,每开图绘一景,极为精致。各景图涉及的名胜主题分别为:三山、草堂、雨花台、牛首山、长干里、白鹭洲、青溪、燕子矶、莫愁湖、摄山(今栖霞山)、凤凰台、新亭、石头城、太平堤、桃叶渡、白门、方山、新林浦(图4-11)。[①]

① 周安庆:《明代画家文伯仁及其〈金陵十八景图〉册页赏析》,载《收藏界》,2011年第5期,第101—105页。

图4-11 [明]文伯仁《金陵十八景图·三山》

三、明晚期的南京名胜

万历三十七年(1609)乡试举人孙应岳(字游美,江西人)曾任职南京国子监,著有《金陵选胜》一书。书中记录了大量金陵的园林名胜和古迹,主要分山川、城阙、苑园、台榭、刹宇四类。

山川：

钟山、覆舟山、鸡笼山、石头山、土山、三山、聚宝山、观音山、摄山、牛首山、燕子矶、金陵冈、谢公墩、秦淮、玄武湖、燕雀湖、莫愁湖、青溪、西浦、乌龙潭、白鹭洲、蘼芜涧。

城阙：

越城、冶城、金陵邑城、汉丹阳郡城、吴都城、金城、西州城、台城、南唐城、太极殿、含章殿、芳乐殿、灵和殿、五明殿、求贤殿、石阙、神虎门。

苑园：

乐游苑、方山苑、芳乐苑、华林园、玄圃、沈约郊园、东篱门园、王骞墅、柳元景菜园、半山园、西园。

台榭：

凤凰台，昭明书台，雨花台，周处台，郭文举台，新亭，征虏亭，景阳楼，临春、结绮、望仙三楼，孙楚酒楼，百尺楼，澄心堂，郑介公书台，清溪圃亭，阅江楼，十四楼，木末亭，凭虚阁。

表4-6 《金陵选胜》中的园林名胜

名称	相关条文摘录
钟山	金陵镇山，武侯所谓龙蟠者是。旧名蒋山，以汉尉蒋子文故，吴大帝避先世讳，因名焉。自明兴定鼎，卜陵易名神烈，而王气始验。金陵、紫金之号，埋金、凿金之说，均无庸辩。大都钟字从金，或曰灵所钟也，近之矣。是山也，宋刘勔栖息于南，雷次宗招隐于西，齐周颙径隐于北，梁昭明筑台于岩。曲水修禊之宴，松枝代麈之谈，皆六朝盛事。中有太子岩、栽松岘、杨梅岩、头陀缘、屏风岭、道士坞、道卿岩、独龙阜、玩珠峰，

续表

名称	相关条文摘录
	孙陵、桂岭。岩谷旷邃,峦峰翠嵂,冈坡回薄,陂径逶迤。松郁则豹攫虬盘,树深则鸮号鹤唳。朝晖夕阴,烟霞万状。都城四望,紫气葱蒨,真善画者,莫能图已。奇踪遗迹,名刹灵泉,杂见篇中。然多在陵内,垣禁甚严,非游人可遍历云。
覆舟山	以形肖名,北临台城、后湖,西接鸡鸣寺,南眺国学、教场诸胜。宋孝武、鲍照有诗。晚晴藉草,俯瞰城闉,烟霭葱茏,足当佳景。
鸡笼山	覆舟山西。上有志公浮图,睊台城、玄武湖,梵宇幽胜。左有观象台,最高顶俯眺城阙。宋元嘉时,于此山立儒馆,居雷次宗,高帝从授《礼》及《左氏春秋》。竟陵王子良尝移居山下,集四学士抄五经百家,为《四部要略》千卷。今建辟雍山之下,亦其遗意。
石头山	在城西二里,即楚金陵地。吴、晋时,江在其下,为险要必争之地。自江北来,此山始有石,因名焉。形不甚峻,故武侯谓之“虎踞”。温峤、陶侃辈于焉著迹,李太白有诗。
土山	旧志:在东南二十里,一名东山。云会稽有东山,谢安筑此拟之,营立楼馆,杂植竹树,每携中外子弟,往来游集。苻坚入寇时,与从子玄围棋赌墅,即其地。《金陵志》载李白、李建勋皆指土山作,谢朓属文,梁萧正德筑基,大都代远迹迷,不可指据矣。太傅韵超千古,名亦高千古,金陵是处藉胜,何必拘拘按索。
三山	虽在大江数十里外,而积石森郁,三峰台列,冶城极目,伟然具瞻。晋王濬伐吴,舟过三山,即此。谢朓、李白诗,俱千古绝唱。宋陈尧咨泊三山矶,有老叟相告:“明当暴风,公毋渡。”来日果尔,公方惊叹,叟复至,云:“某此江游奕将也。公贵极人臣,故当相护。”公曰:“何以为报?”叟曰:“愿得《金光明经》,资其力,稍得迁转。”公即与三部,连迁数秩。见《翰府名谈》。世间福德人,鬼神呵护,理应然耳。

续表

名称	相关条文摘录
聚宝山	在雨花台北，上多细石，红黄白色如玛瑙，精明可爱，岂亦花雨遗色耶？东坡得齐安怪石，以供佛印者，想像似之，令高座道人而在，正当以此石作供。
观音山	北滨大江，东西诸山，形如屏绮，皆悬崖削壁，突出江浒。水势湍急，有大士岩架阁其上，势极危峻，凌空远览，固足大观。
摄山	城东北四十五里。《舆地志》云：山多药草，可以摄生，爰取字义。一日伞山，象形也。乃登中峰绝顶，群山皆伏其下，则统摄之意，庶几近焉。此山独中峰最高，有中峰涧、千佛岩（随石势大小凿佛千余）、纱帽峰、天开岩、落星山、唐公岩、叠浪岩、紫盆峰、明月台、虎洞、石房、醒石、珍珠泉诸胜，陈轩《金陵集》有《怀摄山十题》，曰：白云庵、清风轩、唐公岩、天开岩、宴坐台、中峰涧、明月台、品外泉、醒石、磬石，余详《栖霞志》。
牛首山	城南二十里，以形得名。双峰秀峙，正对晋宣阳门，故王导指为天阙。梁武于石窟下建寺，佛经所谓"江表牛头"是也。由山檄起，石磴数百级，杉桧行列而上。东南为刘宋郊坛，有兜率岩、雪梅岭、文殊、辟支二洞，白龟、饮马二池，虎跑、锡杖、太虚三泉，岳武穆曾拒兀术于此。有寺名弘觉，其胜与栖霞相埒。俗传太祖怪牛首双峰不北拱，乃杖之，意恐是讹。辩者谓天地间，万山环列，江河四绕，其中则堪舆也，此牛负而载之，宜其南向，亦影响之谈。又传武宗南巡，驻跸此山，江彬有异谋，山灵夜吼。《琐事》谓梦僧惊呼，动众一时，权借山吼，以释僧罪。大抵彬逆谋欲乘空山之间，亦未可知，安得谓山无灵耶？
燕子矶	在观音山右，有石临瞰江水，如燕怒飞，波涛溃激。上有武安王祠，武宗南巡见梦，修葺大观亭、俯江亭，皆凿磴引縴而上，与寺参差竞爽。江中望之，丹崖翠壁，朱阑碧树，历历如画。

续表

名称	相关条文摘录
金陵冈	在龙湾。相传始皇埋金人,诱人凿之,有“山南山北,富了一国”之碣,其愚如此。详见《景定志·金陵辩》。
谢公墩	相传为安与羲之同登悠然遐想之地。谢灵运赋:“视冶城而北瞩,怀文献之悠扬”,即此。后人因王荆公有“我屋公墩”之句,遂指在半山寺。一云寺在康乐坊,谢家子弟居之,缘以为名,似属凿空。夫“问樵樵不知,问牧牧不言”,荆公直寓言感慨耳,岂得谓自疑之耶?李太白诗云:“冶城访古迹,犹有谢公墩。”今冶城北二里有山,亦名谢公墩,大可证据。《府志》云地据冶城之胜,今止存一径。《梵刹志》直指在今永庆寺右数十武,形不甚高,可以远瞩。总之,当以灵运、太白之言为是。昔人谓荆公喜争,在朝与司马诸贤争新法,在野与人争棋,在金陵与谢太傅争墩,固是雅谑,然两公矫情处亦略相当,焉用争?而后人亦何必代为之争耶?
秦淮	厥源详旧志。孙盛《晋春秋》云秦皇所凿,王导令郭璞筮,即此淮也。本名龙藏浦,支流屈曲,不类人工。六朝建都,咸倚之为固。水经大中、淮清、武定、镇淮、饮虹诸桥,逶迤二十余里。夹岸倩楼画舫,酒旗歌馆,罗列掩映。花朝月夕,士女冶游不绝,犹有六朝遗风焉。诵杜牧之“烟笼寒水”之句,则不觉令人销魂。
玄武湖	以黑龙见得名,即今后湖。周数十里,山川如画,六朝旧迹,多出其间。南唐时,冯谧援贺监镜湖事,欲乞此湖。徐铉曰:“主上尊贤下士,岂惜一湖,所乏者知章耳。”冯大惭。国朝设库,储天下户口图籍,非典守者不得轻入,而六朝清赏之事杳然矣。正德年,户部主事计弘道有《过后湖记略》云:“凡过湖必出太平门外,命舟行,可七八里许,一望渺漫,光映上下。其嵯峨霄汉,峙乎东南者,钟山也。如屏如帏,在西北者,幕府山也。峦冈偃蹇,松森其上者,覆舟山也。殿阁参差,浮图耸空者,鸡鸣山也。东西一带,列如悬榜者,台城也。崚嶒冒水而出者,岛屿也。傍视三法司,隐隐错

续表

名称	相关条文摘录
	落，云水之湄，其中芳洲星聚，烟花锦绚，凫戏鸥浴，鲂泳鲤潜，荇藻牵舟，荷香袭韵，咸属佳境。其或惊风骇浪，亦时令人神悚。昔欧文忠公云：‘钱塘莫美于西湖，金陵莫美于后湖。’然西湖之景，游冶必趋。后湖有禁，非公不得人焉。”云云。窃谓六朝荒隳，正属嬉游，桂子荷花，爰启边衅。高皇之禁，厥虑深远矣。特详著之，俾探奇莫适者，宛然在目云。
燕雀湖	一名前湖，或日白荡，今为大内。梁昭明在东宫时，宝一琉璃碗、紫玉杯，遂藏梓宫。后更葬日，阉人窃，人大航，有燕雀数万击之，为所司擒获。帝闻惊惋，以赐太孙。封墓之际，燕雀仍群集衔土，因以名湖。嗟嗟！昭明埋玉，尚作如许怪异，想见香魂未散，文心飞动，凛然犹有生气。
莫愁湖	石头城西。丽人卢姓，字莫愁，家居湖上。《古乐府》云：“莫愁在何处?住在石城西。艇子打两桨，催送莫愁来。”吴融诗云：“莫愁家住石城西，月坠星沉家到迷。兰棹一移风雨急，流莺千万莫长啼。”郑谷诗云：“石城昔为莫愁乡，莫愁魂散石城荒。”好事者多植芰荷其中，游舫荡漾，今为胜地。何物女子，芳名到今，视丽华、孔嫔辈，反觉天壤。然《古歌》有莫愁女洛阳人，说者谓莫愁、石城，楚亦有之，然亦不必深辩。
青溪	吴赤乌四年，凿东渠，名青溪，通城北堑潮沟，泄玄武湖水，南流接于秦淮。杨吴城金陵，青溪始分为二。旧有七桥，潘岳、江总等名族并居其处。溪九曲，晋郗僧施泊舟溪上，每一曲作诗一首。谢益寿闻之曰：“青溪中曲复何穷尽?”周伯仁还朝，泊溪上，时大暑雨，舟隘漏湿，无坐处。王茂弘过之，曰：“胡威之清，何以过此?”至赵宋，止存一曲。今则通塞半，游人知有秦淮，不知有青溪矣。祠亭尚存，可以怀古。
西浦	在城西，昔桂阳张硕遇神女杜兰香于此。有诗云：“天上人间两渺茫，不知谁是杜兰香。来经玉树三山远，去隔银河一水长。”洛神巫梦，想有所托。

续表

名称	相关条文摘录
乌龙潭	近清凉寺，相传有乌龙见，故名。波光摇漾，鲂鲤潜游，放舟回旋，鸥凫不乱。东岸有疏棂画榭，曲径幽亭，花树芜葱，禽鸟栖咏，舍筏藉草，泛月临风，大是佳境。
白鹭洲	西南大江中。太白诗云"二水中分白鹭洲"，即此。虽在江心，游人罕至，而太白留名，千秋不泯。试眺凤凰台上，白鹭依然，眼中长安不见，真是使人欲愁耳。
蘼芜涧	旧志云：齐处士刘瓛居此。瓛为儒林之宗，仕至四十不娶，其友为婚王氏，乃诣涧采蘼芜而去。据《古诗》云："上山采蘼芜，下山逢故夫。"兹云采之而去，瓛乎？王乎？当必有分。
越城	《志》云：范蠡欲图霸中国，城于金陵，在秣陵长干里。今聚宝门外报恩寺西，遗址犹存，俗呼越台。西北为陆机宅，其人晋《怀旧赋》云"望东城之纡徐"，即此。唐窦巩诗："伤心欲问前朝事，惟见江流去不回。日暮东风秋草绿，鹧鸪飞上越王台。"计然志大谋远，霸越吞吴，犹贾余勇，遂启六朝之衅。诵此诗，令人感慨。
冶城	相传吴王夫差铸剑处，或云孙吴，即今朝天宫地。晋王导疾，方士戴洋曰："君本命在申，而申地有冶，金火相铄不利。"遂移冶于石头城东，以其地为西园。嗟嗟！王敦之逆，导阴与谋，观其欲拔太真之舌，而使敦杀伯仁，情状昭昭，千古同愤，乃欲以五行移置一冶，而缓须臾之命也，愚夫！
金陵邑城	即石头城，今石城门近清凉门处。楚威王灭越，私吴越之利，擅江海之富，置金陵邑于石头，因山为城，因江为池，最号险固。梁武、何逊皆有诗，刘禹锡云"山围故国"、"潮打空城"，即此。
汉丹阳郡城	《吴苑记》云：长乐桥东一里，南临大路。长乐即今武定桥，东南有长乐巷。汉元封、建安中，始徙治建业。晋太康中筑，宋、齐、梁、陈因之。
吴都城	据覆舟山下，东环平冈以为安，西城石头以为重，后带玄武湖以为险，前拥秦淮以为阻。周回二十里。时都

续表

名称	相关条文摘录
	城皆设篱,曰“古篱门”。试登覆舟山顶一望,光景旷荡,真堪凭吊,六朝风物,宛然目睫矣。
金城	一云即琅琊城,一云在金陵乡。吴后主宝鼎二年,于金城门外露宿迎神,即此。晋桓温镇江东之金城,种柳,后北伐还过,见柳已十围,凄然叹曰:“树犹如此,人何以堪!”攀枝折条,泫然流涕。蔡宗旦《金陵赋》云:“游金城以怆然,问种柳之何在?嗤吴王之信巫,乃露宿于门外。”可称达者之谈。
西州城	今朝天宫西州桥是。谢安镇新城,经略粗定,自海道东还,雅志未遂,复入西州城,慨然自失,遂遇疾笃。羊昙素为安所爱重,后以安逝,辍乐弥年,行不由西州路。尝因大醉,不觉到州门,左右以白,昙悲感,以马策扣扉,诵曹子建诗云:“生存华屋处,零落归山丘。”因恸哭而去。东坡词有云:“西州路,不应回首,为我沾衣。”即此。安之豪迈,昙之高谊,依然可想。
台城	一云苑城,本吴后苑。今鸡鸣寺后,有城基碑曰“旧台城”,未审是否。缅怀梁武被弑其地,不觉凄怛。
南唐城	杨吴顺义中筑,徐温改筑。西据石头,即今石城、三山二门;南接长干,今聚宝门;东以白下桥为限,今大中桥;北以玄武湖为限,今北门桥。遗址历历,皆可睹记。
太极殿	建康宫大殿也,谢安造。时偶缺一梁,忽有梅木流至石头城下,构成,画梅其上,以表嘉瑞。安欲令王献之题榜,引韦仲将悬凳书“凌云台”额讽之。献之正色曰:“仲将大臣,岂宜尔尔。傥然,知魏德不长矣。”遂止。郭景纯筮云:“一百一十年,此殿当为奴所坏。”后梁武毁,武舍身为奴也。夫画梅表瑞,未免献谀,不书殿楣,庶称得体。景纯所筮,固自不爽。安知今日之茫然无考乎?
含章殿	宋孝武造。帝女寿阳公主人日卧殿檐,有梅花落主额,成五出,拂之不去。经三日,洗乃落。宫人奇其异,竞效之,作梅花妆。花妖乎?人妖乎?遂成佳话。

续表

名称	相关条文摘录
芳乐殿	齐东昏大起芳乐、玉寿诸殿，以麝香涂壁，刻画妆饰，穷极绮丽。后宫服御，极选珍奇，民间金宝，价皆数倍，建康酒租，咸使输金，尚不足用。凿金为莲花贴地，令潘妃行其上，曰："此步步生莲花也。"昔秦皇令宫人靸金泥飞头鞋，侈不过此，开后代弓弯之饰。
灵和殿	齐武时，益州刺史刘悛献蜀柳，帝命植殿内。三年柳成，枝条柔弱，状如丝缕。帝与公卿宴赏，叹曰："此柳风流可爱，似张绪少年时。"柳比男子，仅此。吁！一柳耳，桓以惊老，帝以美少，真情逐境生乎哉！
五明殿	梁大通中，有四老鹑衣蹑履，入建康里，逾年，莫有识者。帝召入，赐沐，衣以御衣。为昭明太子所重，目为四公子，遂移入五明殿。会魏使崔敏来聘，敏夙称博赡，帝遣十人于殿中推论三教、百家九流、六籍五运，几十旬。敏负诎丧神，归卒。四人姓名诡异，难敏者，侧脊也，当是昭明助胜尔。
求贤殿	后主皇后沈氏居之。后字务华，端靖好学。孔贵嫔宠，后无愠色，惟事佛书、典籍、诗赋、名画而已。后主薨，自作哀册文，词甚酸楚。其亦赋纨辞辇之流欤?而后主冥然，景阳之辱有自哉！
石阙	晋元帝欲于宫前立阙，众议未定。王导指牛头山为天阙，不须更立。孝武始于博望立双阙。梁置石阙端门外，陆倕铭曰："象阙之制，其来已远。或以听穷省冤，或以布治悬法，或表正王居，或光崇帝里。晋氏浸弱，宋历威夷，乃假双阙于牛头，托远图于博望，有欺耳目，无补宪章。"此语可垂鉴来者。今《上元志》所载铭词，皆作谰语，可讶。
神虎门	一曰神武门。宋傅亮直中书省，见客神虎门外，每旦车满百辆。齐陶弘景为高帝诸王侍读，奉朝请，既而脱朝服挂门，上表辞禄，诏许之。吁！贞白先生，真几先者哉！

续表

名称	相关条文摘录
十四楼	洪武中建金陵市楼也。据杨用修载，永乐中，晏元振《金陵春夕》诗云："花雨春江十四楼。"楼名来宾、重译、清江、石城、鹤鸣、醉仙、乐民、集贤、讴歌、鼓腹、轻烟、淡粉、梅妍、柳翠，乃建在城中以处官妓者，时盖未禁缙绅用妓也。胡元瑞云：此语近出，足为诗家新料。《世纪》载如其数，而少清江、石城，易以南市、北市。《上元志》止载十楼，《琐事》增为十六楼，并南市、北市有之，且载国初李公泰集句五言律十六首，可想见当时歌管之盛，今惟南市楼尚存。
木末亭	南对雨花，江山竞爽，北眺钟陵，城阙在望，独据南冈之胜。登斯亭，不独瞩报恩之浮图，俯高座之苍翠，而咫尺杨忠襄、方正学二公祠墓，令人不觉凄涕。
凭虚阁	在鸡鸣寺前，据山背城，前临国学，城中烟景，一览殆尽。惜近日颓圮，未经修葺耳。阁后有聚远、共适二亭，国学所建，俯瞰后湖，烟云满目，可称鸡鸣最胜处。

万历年间出版的大型类书《三才图会》中有插图《金陵山水图》，呈现了当时金陵城池与名胜风景的地理方位（图4-12）。

余孟麟、焦竑、朱之蕃、顾起元等文人以其游览的二十处典型的金陵名胜为主题，赋诗题咏，称为"金陵二十景"。这些诗作收录于合作诗集《雅游篇》中。该诗集中的"金陵二十景"包括钟山、牛首山、梅花水、燕子矶、灵谷寺、凤凰台、桃叶渡、雨花台、方山、落星冈、献花岩、莫愁湖、清凉寺、虎洞、长干里、东山、治城、栖霞寺、青溪和达摩洞。[①]

天启年间，朱之蕃编纂了《金陵四十景图像诗咏》。该诗咏中

① 王聿诚：《〈雅游编〉：明代"金陵四十景"的源头》，载《江苏地方志》，2018年第1期，第90—92页。

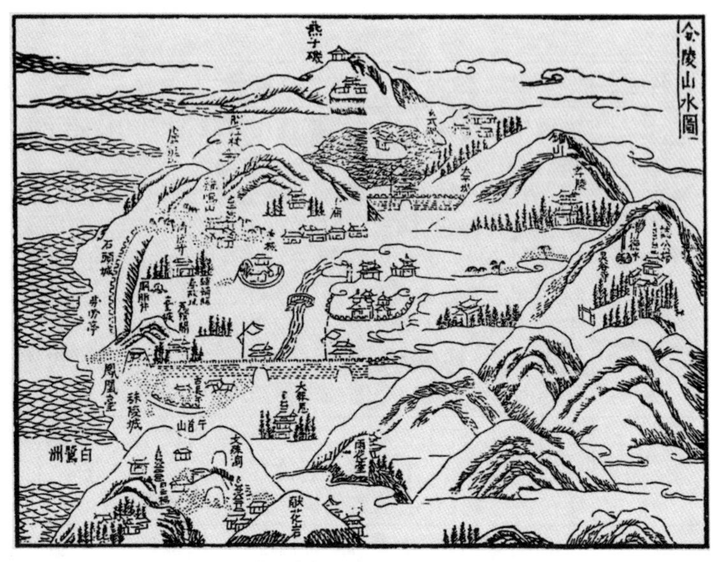

图4-12 [明]《三才图会·金陵山水图》

以“金陵二十景”为蓝本，进一步扩充名胜景点，形成“金陵四十景”。金陵四十景囊括了明代南京最有代表性的四十处园林名胜，包括钟阜晴云、石城霁雪、天印樵歌、秦淮渔唱、白鹭春潮、乌衣晚照、凤台秋月、龙江夜雨、弘济江流、平堤湖水、鸡笼云树、牛首烟峦、桃渡临流、杏村问酒、谢墩清兴、狮岭雄观、栖霞胜概、雨花闲眺、凭虚听雨、天坛勒骑、长干春游、燕矶晓望、幕府仙台、达摩灵洞、灵谷深松、清凉环翠、宿岩灵石、东山棋墅、嘉善石壁、祈泽龙池、虎洞幽寻、青溪游舫、星岗饮兴、莫愁旷览、报恩灯塔、天界经鱼、祖堂佛迹、花岩星槎、冶麓幽栖、长桥艳赏。《金陵四十景图像诗咏》由陆寿柏绘图稿，每景一图，左文右图，由刻工镌刻后，形成了明末金陵四十景风景名胜版画图像集（图4-13—图4-52、

表4-7)。[①]

图4-13 [明]《金陵图咏·钟阜晴云》

① 吕晓:《图写兴亡:名画中的金陵胜景》,文化艺术出版社,2012年。

图 4-14 [明]《金陵图咏·石城霁雪》

图4-15 [明]《金陵图咏·天印樵歌》

图4-16 [明]《金陵图咏·秦淮渔唱》

图4-17 ［明］《金陵图咏·白鹭春潮》

图4-18 [明]《金陵图咏·乌衣晚照》

图4-19 [明]《金陵图咏·凤台秋月》

龍江夜雨

在府城西南儀鳳門外設關津以征楚蜀材木

備脩制官舫之用百貨交集生計繁盛今雖凋

弊而穩船湖蕩臨江橋梁水陸兵營規制依然

直達觀音上元諸門連接弘濟燕磯江天曠望

景稱最勝云

龍躍江關挾雨來烟籠洲渚接樓臺漁燈影暗飛鴻

隱簷溜聲喧鐵馬催估客篷窗驚旅夢禪龕蓮漏淨

氛埃豚魚吹浪奔濤湧更有長風送遠雷

图4-20 [明]《金陵图咏·龙江夜雨》

图4-21 [明]《金陵图咏·弘济江流》

图4-22 [明]《金陵图咏·平堤湖水》

图4-23 ［明］《金陵图咏·鸡笼云树》

图4-24 [明]《金陵图咏·牛首烟峦》

图4-25 [明]《金陵图咏·桃渡临流》

图4-26 [明]《金陵图咏·杏村问酒》

图4-27 [明]《金陵图咏·谢墩清兴》

图4-28 [明]《金陵图咏·狮岭雄观》

图4-29 [明]《金陵图咏·栖霞胜概》

图 4-30 ［明］《金陵图咏·雨花闲眺》

凴虛聽雨

在雞籠山最高處倚崖結構虛敞無少障蔽凴

欄滿望遠樹接聯閭閻羅布山雨一來淋浪驟

響恍然雲霄之上也右臂山岡綿亘十廟各據

一壟相傳晉有四帝陵列在雞籠山之麓想即

其處

三農望切沛甘霖日障濃雲萬頃陰高閣倚欄來雨

氣槁苗生潤見天心空巖新水懸飛瀑曲澗驚湍奏

素琴一夜風雷危坐聽曉看霽景濯青林

图4-31 ［明］《金陵图咏·凭虚听雨》

图4-32 ［明］《金陵图咏·天坛勒骑》

图4-33 [明]《金陵图咏·长干春游》

图4-34 [明]《金陵图咏·燕矶晓望》

图4-35 ［明］《金陵图咏·幕府仙台》

图4-36 [明]《金陵图咏·达摩灵洞》

图4-37 [明]《金陵图咏·灵谷深松》

图4-38 [明]《金陵图咏·清凉环翠》

图4-39 [明]《金陵图咏·宿岩灵石》

東山[illegible]墅

在府東南三十里一名土山晉謝安舊隱會稽之東山築此擬之嘗放情遊賞與從子玄圍碁至夜始還山側有翼善寺古木崇巖視古山雖小而登覽曠濶亦郊坰之勝地環列四野有金石莘山八音之名咸備此蓋其一尒

卜築崇丘擬會稽鄉心望遠幾淒迷碁枰坐隱蒼松偃屐齒從遊碧艸齊夙著風流高晉代尚留勝蹟竹招提八音點綴山容列開遍巖花谷鳥啼

图4-40 ［明］《金陵图咏·东山棋墅》

图4-41 ［明］《金陵图咏·嘉善石壁》

图4-42 [明]《金陵图咏·祈泽龙池》

虎洞幽尋

在府東南四十里出高橋門外行田野間迤袤而入因離城僻遠游踪罕至樵坰牧墅大有古朴風洞不甚窔奧而羣山篸戟環立雲光吞吐頃刻異狀儘可延竚近洞有宮氏泉相傳為漢時故物洞外有菴竹樹參欝可憇

蒙茸草樹洞雲層嘯虎何年蹲更騰勢據負嵎威自逞會逢探穴巧堪乘深林每畏雄風振列巘還從反足登欲覓宮泉供渴飲溪橋轉處未逢僧

图4-43 [明]《金陵图咏·虎洞幽寻》

图4-44 ［明］《金陵图咏·青溪游舫》

图4-45 [明]《金陵图咏·星岗饮兴》

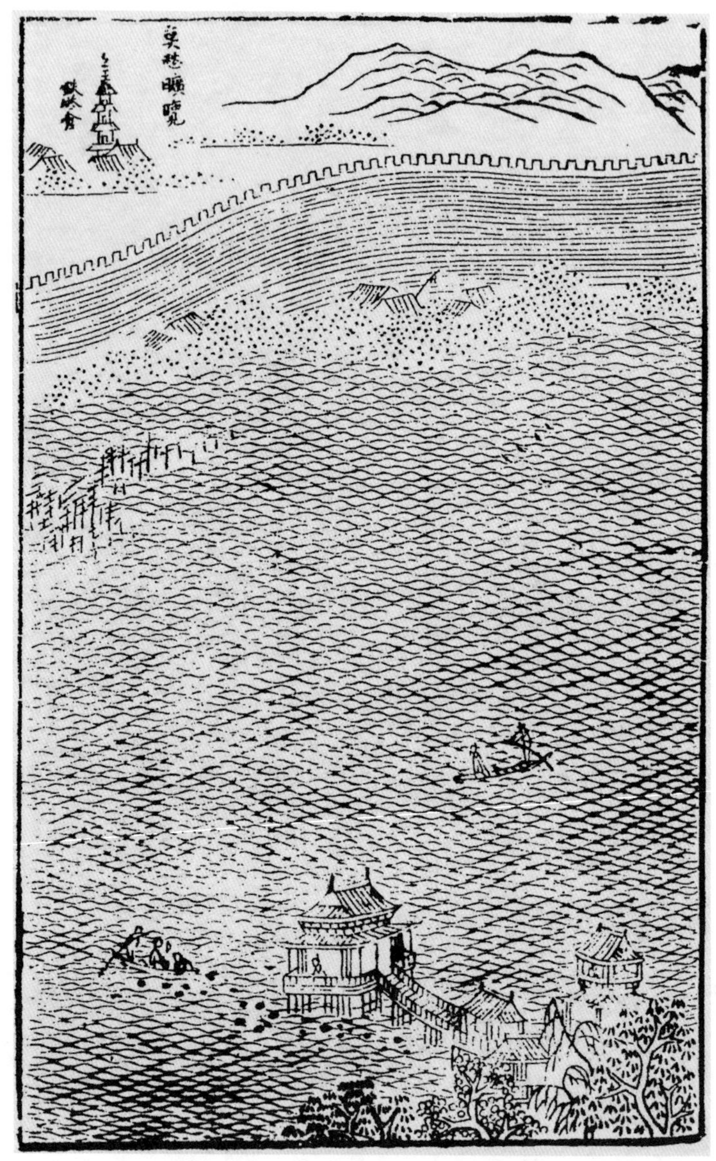

图 4-46 [明]《金陵图咏·莫愁旷览》

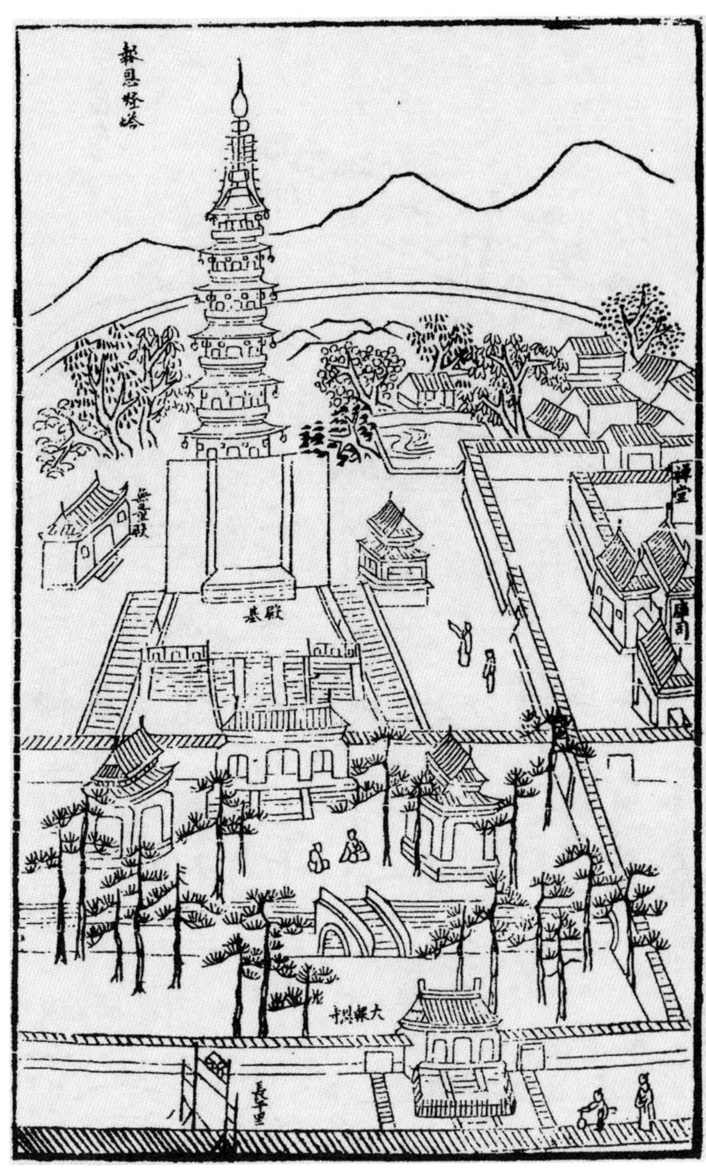

图4-47 [明]《金陵图咏·报恩灯塔》

图4-48 [明]《金陵图咏·天界经鱼》

图 4-49 [明]《金陵图咏·祖堂佛迹》

图4-50 [明]《金陵图咏·花岩星槎》

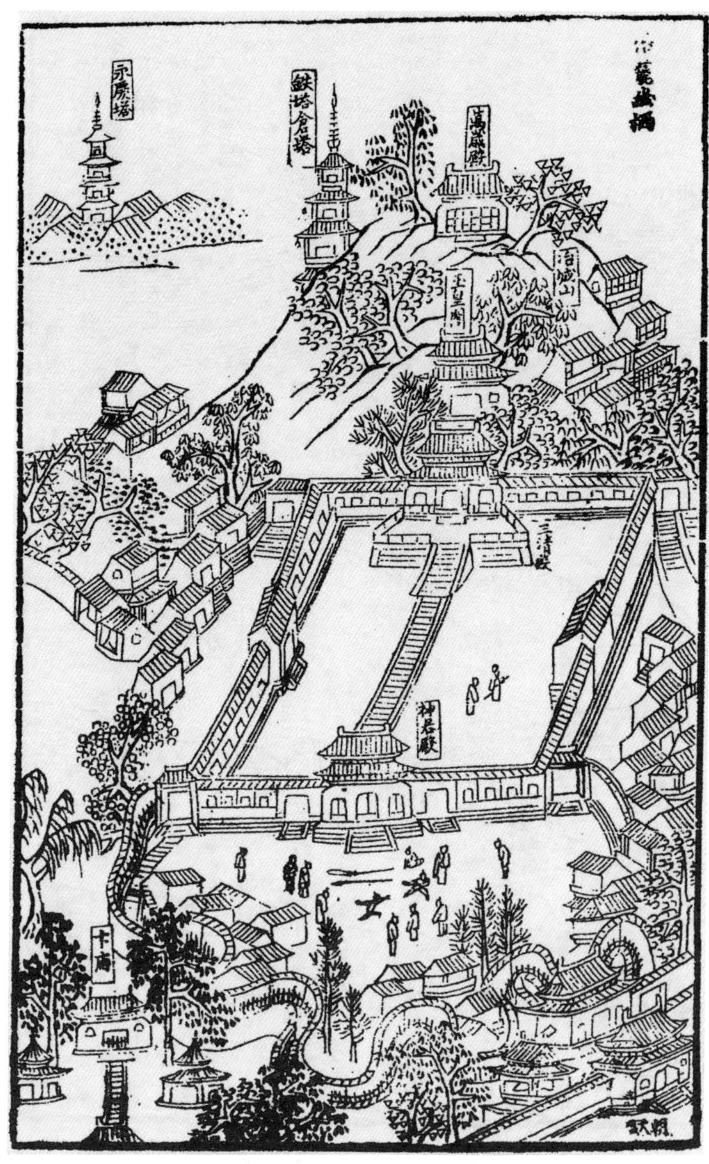

图4-51 [明]《金陵图咏·冶麓幽栖》

图4-52 ［明］《金陵图咏·长桥艳赏》

表 4-7 《金陵四十景图像诗咏》中的图像内容

图名(景名)	地点	图像内容
钟阜晴云	钟山	钟山两峰并峙,山头云雾缥缈。山下为孝陵,前有砖砌城墙,墙中开有朝阳门。朝阳门为单拱门,上有重檐歇山顶城楼。城墙后为宫墙,沿山而行,墙下有水道,可引山中溪流而下。朝阳门后为石拱桥,跨溪流而建。宫墙后的山包上建有孝陵主建筑群。主建筑雄踞坡顶,重檐屋顶,屋顶正脊两端螭吻翘起。山坡两侧各露出两座屋顶,屋顶形态庄严,支撑屋顶的斗拱较为明显。
石城霁雪	石头城	近景右侧主体为石头山和石头城,山下城墙环绕,开辟有单拱石城门。城中建有灵应观。城外江水汹涌,水上建有石城桥。远景显示两层重檐歇山顶的城楼。
天印樵歌	天印山	山体占据了大部分画幅,山麓定林寺前有山门,设置三座门洞,门后以廊庑围合成院。寺中主殿位于高台基上,重檐屋顶。院角各有一座两层高三重檐的楼阁。寺旁山腹有葛仙翁井。寺门前的入山道路较为曲折,两边为山体,路边有茅舍。图中画有六个背柴的樵夫,前方的茅舍门前有两位乡人在交谈,屋内有一人在忙碌。
秦淮渔唱	秦淮河	远处为方山,近处秦淮河水波涔涔、波澜不惊,河中有渔夫荡舟,两岸有柳树等植被护岸。前方横跨河岸的淮清桥为石拱桥,桥上坐有两人。貌似在赏景。桥前方岸边有三栋低矮房屋。秦淮河后方为城墙,墙中有通济门,门前为通济水关。城墙下、水关一端的河岸边建有数栋房屋,屋顶高低参差不平。

续表

图名(景名)	地点	图像内容
白鹭春潮	白鹭洲	浩瀚的江面潮起潮落,占据了大部分图幅,十数艘帆船在江中行驶。水中有三处岛矶,后面两处岛矶被芦苇遮挡,其上标注有白鹭亭、赏心亭,但亭已无存。前方的岛矶有庙宇,植被较多,岸边有垂钓者。
乌衣晚照	乌衣巷	图像右侧为秦淮河,河边岸线曲折,临水建有台榭,岸边巨树下有一座金沙井。乌衣巷直通秦淮河岸,巷口处为民居和高大的树木。跨河有一座石拱朱雀桥,桥头为西天寺。朱雀桥后面为秦淮河长干里,河边院墙环绕,透出报恩塔塔身与塔尖。远方山后一轮夕阳,形成“乌衣晚照”一景。
凤台秋月	凤凰台	图像中间为凤凰台,其后为伸展的城墙,墙外为浩瀚长江,江边山峦起伏,夜空中一轮明月当空。凤凰台上站有数人正在欣赏月夜之景。山下为瓦官寺,路边有多栋民舍。
龙江夜雨	龙江	前景为应天府城西南仪凤门外一处码头渡口,岸边多垂柳,停泊着运货的商船。江天一色,远处山影隐现,江边可见望江楼、兵营等建筑。
弘济江流	弘济寺	江边石矶高耸,峰石凌绝,受侵蚀作用石矶中多有孔洞,形态奇绝,为燕子矶。矶首突入长江,扼守天险。弘济寺位于燕子矶下的台层上,背倚矶石,前临长江。寺中建筑紧贴石壁而建,矶石的孔洞中可见摩崖石刻佛像。
平堤湖水	玄武湖	玄武湖面占据了大部分图幅,湖中有洲岛,岛上建有房屋。湖边岸线曲折,种植

续表

图名(景名)	地点	图像内容
		有柳树,水中靠近岸边有一些荷花莲叶。远处可见钟山与护国寺部分建筑,近处露出一小段城墙,堤坝上有游人或坐或游。
鸡笼云树	鸡笼山	鸡笼山被寺院建筑覆盖,鸡鸣寺依山势而建,山门建于山麓,单拱门形式,两侧有院墙环绕,门前有台阶蹬道和石板路相连。寺院建筑逐层升高,以台阶相连,殿宇形态庄严,香雾缭绕,显示出佛教圣地的气派。山顶建有寺塔,造型为楼阁式塔,形态高耸,成为视觉焦点。远处为玄武湖,山湖之间有城墙间隔。凭虚阁位于鸡笼山山顶,是一处观景建筑。
牛首烟峦	牛首山	牛首山左右双峰对峙。寺院采取中轴对称格局,中轴线自山门起,经过白云梯,直至山顶。建筑主要位于沿山坡开辟的山地台层上,沿轴线两侧大致呈对称分布。方丈室位于较高的台层上,另有关帝庙、文殊洞、舍身岩等。在“秀荫今古”树池右侧有五层重檐寺塔一座。
桃渡临流	秦淮河桃叶渡	前为秦淮河,河两岸各有一处渡口码头,其间正有船夫往来摆渡。渡口两侧各有水阁数间,应为观景休憩之处。远处为城墙,墙下有竹林、树木和数栋民宅,建筑之间可见篱笆墙围合。
杏村问酒	杏花村	城墙前有一片广袤的杏花林,林前有数栋民宅,宅院前后种有竹林,前有柳树成排种植,应为杏花村所在。杏花林下有人席地而坐,在交谈、赏花。茅舍前有牧童骑在牛背上,在为游人指路。柳树前空地上有射圃,有人正在射箭。

续表

图名(景名)	地点	图像内容
谢墩清兴	谢公墩	山下为永庆寺,寺墙围合,茂盛的植被后露出永庆寺寺塔。山顶平坦,不远之处可见清凉山、虎踞关,崖顶刻有“谢公墩”三字。图中游人甚多,崖顶坐有数人,正在交谈、观景,山路上有游人在登高。永庆寺旁为农田,田边建有三栋农舍,两位农夫在犁地。
狮岭雄观	狮子山	狮子山踞江而立,因山形似狮子而得名。山岩下建有城墙,绕山而行。城墙中间开有拱门,门道两侧有数栋民房。城墙下临水处建有静海寺和天妃宫。城墙下为起伏的丘陵和开阔的田地,种植有茂密的紫竹,名为紫竹林。紫竹林中建有禅院。城墙外可见长江,江中有数艘江船。狮子山山岩下有一条登山蹬道环绕其间,山坡上建有阁楼可登高欣赏江景。
栖霞胜概	栖霞山	寺院山门后为半月形池塘,池后中轴线上画有两栋殿宇。主殿后为千佛岭、千佛岩,山下为志公塔(舍利塔),塔前有莲花池。山顶有一处建筑群,主殿前立有旗杆。
雨花闲眺	雨花台	雨花台山上无建筑物,也缺乏树木植被,实为光秃秃的土岗。山后为滚滚长江,山顶有两人席地而坐,另有两人站立眺望,正在赏景、交谈。山麓植被丰富,有先贤祠、高座寺、慧隐寺,山脚路边有上清院。
凭虚听雨	鸡笼山凭虚阁	凭虚阁挑出山崖,歇山屋顶,底部悬空,以基柱支撑建筑重量。阁内坐有两人在朝外观望。后面的山坡上为鸡笼寺,山后为玄武湖。前方围墙下有两人正在撑伞行走。

续表

图名(景名)	地点	图像内容
天坛勒骑	天坛	正阳门城墙高大雄伟,城墙外侧包砖,墙下环绕护城河。城门上建有重檐阁楼,门外是一座瓮城,瓮城门外为神乐观。神乐观内外多种松柏,观内主殿为重檐歇山顶,造型庄严,主殿四周有廊庑围合。观门正对一条宽阔平坦的驰道,驰道上有正在疾驰的官吏,驰道对面为天坛所在。天坛坐北朝南,四周以围墙围合成院,主入口开在南侧的临河处,入口为三拱门,门前建有三开间牌坊,牌坊的立柱上拴着两匹马。门内的中心建筑为天坛,建于巨大的高台基上,建筑呈圆形,屋顶为重檐攒尖顶。台基下建有一些辅助性建筑,院内种植大量的松树、柏树。远处可见钟山、孝陵。
长干春游	长干里	城墙绘于画面顶部,城墙下为秦淮河。聚宝门仅绘出单拱门洞,门外为镇淮桥,数艘货船停泊在秦淮河边。镇淮桥一端通向城门门洞,另一端通向小市口与长干里。长干里大路上矗立两座牌坊,均为四柱三开间造型。大路一侧为大报恩寺所在,另一侧民居较为密集,显示此地较为繁华。大报恩寺临秦淮河而建,寺塔增至九级。大报恩寺寺门对面为师姑巷,明代这里是著名的刻经书坊中心。大报恩寺是金陵佛教圣地,而长干里则成为著名的游春之地。
燕矶晓望	燕子矶	燕子矶下长江之水波澜壮阔、汹涌澎湃。数艘旅船避于燕子矶下。峰顶制高点处有俯江亭,重檐攒尖顶,是俯瞰长江的绝佳之地。石矶下砌有台基,台基上建有关帝庙。图像左下角为观音门和弘

续表

图名(景名)	地点	图像内容
		济寺。弘济寺主要建筑群紧贴崖壁,前临江面。观音门为单拱门,门上建有瞭望亭,两侧城墙沿江岸和石崖曲折延伸。右下角有一座石拱桥连接观音门城墙与燕子矶。
幕府仙台	幕府山	图中以浩瀚的江面为背景,幕府山临江矗立,山顶建有一座高台,名曰“仙人台”。仙人台蹬道前方有一处圆形水池。池内泉水涔涔,称为“虎跑泉”。山谷之中建有一座崇化寺,寺院山门与主殿沿轴线配置,逐级升高。
达摩灵洞	达摩洞	夹罗峰立于江边,峰势险峻,而达摩洞隐藏于石崖之间,山谷之中隐含数栋屋宇。石崖下植被丛生,数艘旅船停泊于江岸边,一位渔翁坐在石矶上正在张网捕鱼。
灵谷深松	灵谷寺	图中以钟山为背景,灵谷寺坐落在独龙阜上。寺院内外种满青松,环境深幽。入寺径道自山门穿越松林,向内延伸。殿阁呈轴线排列。后有寺塔。
清凉环翠	清凉山	图中清凉山以长江为背景,山巅较为空旷,建有翠微亭。山中植被丰富,山麓建有清凉古寺。图中清凉寺主体殿宇自低向高沿轴线排列,通过蹬道相连接。清凉寺山门前为秦淮河河道,河水汇入乌龙潭
宿岩灵石	静海寺	寺院围墙内矗立一座巨大的石矶,名为三宿岩。该石矶体量硕大,石材受到风化与江水冲刷作用而呈现多处孔洞,表面嶙峋漏透。相传南宋虞允文在采石矶与金军大战,曾系舟于此石。石矶上有两座楼阁式塔,一座重檐,一座无檐。塔

续表

图名(景名)	地点	图像内容
		后的石矶上建有灵石阁,四周绕以栏杆,是观景的场所。石矶下方靠近护城河建有一座潮音阁。潮音阁至少高两层,外观三重屋檐,歇山屋顶。
东山棋墅	东山	图中绘有东山,位于应天府城东南。山下有翼善寺。山中多树,山顶视野通透,登山可远望四周诸山。
嘉善石壁	嘉善寺	寺位于起伏的山峰下,前后三重殿宇,四周围合以廊庑。寺门前有放生池,四周植被丰富,农田阡陌纵横,一片田园景色。寺旁的高台上建有观音阁。阁后有巨石,因中缝裂开,仅透出一线天光,称为一线天。石壁前另有巨石,顶部平坦,可供人坐卧。
祈泽龙池	祈泽寺	寺位于众山环抱的谷地之中,前后四重殿宇,形制庄严。寺旁有龙王庙,庙前为龙池。寺内外以松树居多,环境幽静。
虎洞幽寻	不明	不明
青溪游舫	青溪	岸线呈折线形,河面上有多艘游船画舫,舱内游客正在观赏两岸景致。两岸亭台楼阁连绵不绝,显示出一派繁华景致。河上架有两座三洞石拱桥,桥左端连通钞库街、白塔巷,右侧通向夫子庙、贡院。
星岗饮兴	落星墩	落星墩位于江边,山丘隆起,视野宽阔,山下溪流环绕,是形胜之地。山脚下、溪流边有村舍、农田,据传李白曾在此以紫裘换酒。落星墩冈上坐有五人,分成两组,正在交谈、观景。远处江面上有数艘帆船在行驶。
莫愁旷览	莫愁湖	湖面宽广、水波涔涔、视野空旷,远处为城墙,城墙后隐约可见钟山。湖中有两

续表

图名(景名)	地点	图像内容
		叶扁舟,近处湖滨地带有数栋水阁,其中一栋为重檐歇山顶,深入湖中,以平桥与岸边相连。
报恩灯塔	大报恩寺	图中寺院入口靠近长干里,入口金刚殿为三拱门,门后为香水河与石拱桥。琉璃塔建于明永乐十年(1412),位于殿基高台之后,共有九层,图中露出六层塔身,每层塔檐下挂有金碧琉璃灯。殿基一侧为无量殿,另一侧以寺墙隔离成回院,院内有禅堂等建筑。
天界经鱼	天界寺	寺依山坡而建,殿宇密集,规模宏大。山门殿设置有三拱门洞,悬挂有“善世法门”题匾。主要殿宇沿轴线布局。正殿建于高大的台基上,四周围合以廊庑,形成独立回院。轴线尽端为毗卢阁,共两层,外观三层重檐,造型气宇轩昂。轴线两侧建筑密布,以隔墙围挡,植被茂盛。
祖堂佛迹	祖堂寺	寺位于山谷之中,自山麓而上沿轴线依次为山门殿、正殿、大悲殿、藏经阁,轴线两侧有禅堂等建筑。
花岩星槎	花岩寺	图中山谷之中为花岩寺,中心建筑有大佛殿与观音阁,主要殿宇沿轴线布局。轴线一侧有禅堂等设施,山谷中植被丰富,沿山体有盘旋蹬道可登山顶,在山顶可清楚地看到牛首山寺塔。
冶麓幽栖	朝天宫	朝天宫以廊庑围合,前有神君殿,后有三清殿,周围民居林立。图像左下角绘有一处下庙。
长桥艳赏	长桥	图中城墙之下为曲折流淌的秦淮河,河中架有一座较长的木拱桥,称为长桥。河岸一侧的城墙下有鹫峰寺,另一侧有

续表

图名(景名)	地点	图像内容
		花木繁盛的私家园林——东花园,前方有回光寺等建筑。河两岸植被丰富,亭台、楼榭、园囿密布,游人络绎不绝,是明代著名的游乐与赏月场所。

第三节　私家园林的发展

南京为明王朝初期的都城，永乐皇帝迁都后成为陪都，保留着一部分国家行政机构。明代朝廷仕宦多在此购宅造园，一些皇亲贵戚也有宅园建于南京。较有代表性的有沈园、瞻园、东园、西园、南园、魏公西圃、四锦衣东园、万竹园、徐锦衣家园、金盘李园、徐九宅园、莫愁湖园、同春园、武定侯园、市隐园、武氏园、杞园、遁园、凤台园、佚园、尔祝园、西园、吴孝廉园、何参知露园、武文学园、羽王园、太复新园、快园、大隐园等。

富豪沈万三在玄武湖畔建有沈园，园内景致以牡丹为特色。

瞻园位于大宫坊，原为明代开国功臣徐达的王府园林。经其后人不断经营，形成一代名园。

东园位于城东南武定门内，原名太傅园，本为明太祖所赐。徐达后裔锦衣卫指挥使徐天赐扩建园林，改名为东园。园内有心远堂、一鉴堂、池沼、小蓬莱山。明武宗朱厚照南巡时，曾在东园内垂钓。

西园又名凤台园，在凤凰台附近，亦为徐天赐所修，后传于其子。园内有凤游堂、心远堂、来鹤亭、芙蓉沼，池沼南垒奇峰峻岭，筑山特色鲜明。又有小沧浪池，池边种植垂柳，堆土台曰“凤凰台”，掘井为“凤凰泉”。

熙园位于汉王朱高熙的府邸西花园，园内有太平湖。

南园为魏国公所有，内有堂、楼、池、假山、阁、亭、榭等。

西圃位于魏国公府邸内，内有两堂，堂后为圃。原为马厩，无人整理。后从洞庭、玉山等处购石，从吴地购得植物，从蜀地购得木材，营造此圃。园内多梅、桃、海棠，叠石为山，山顶有亭。

四锦衣东园位于大功坊以东，内有月榭、堂。北有高楼，可眺望报恩寺塔。园内广庭，有假山石峰。

徐达三子徐继勋建有万竹园，园内古木参天，以竹林闻名。该园与瓦官寺相邻，内有三楹堂。园内多竹，无池。该园后被张太守、王太守分之，张太守所分之地称为佚园，王太守所分之地称为尔祝园，内有高楼古树。佚园以北为许长卿的新园。

徐锦衣家园靠近凤台。园内有五楹堂，前有月榭。假山之上建有楼阁，登楼可观钟山。山下有池，架有石桥。山内有石洞，曲折幽深。

金盘李园亦称西园，位于石城门附近。园内有堂，堂北叠石为山，山下沟渠环绕。山麓有亭，亭墙外复有假山。东北有高岗，岗上有碧云深处亭，可东眺朝天宫，北望清凉山。

徐九宅园与莫愁湖园均属徐九所有。宅园有厅，前有月台。假山石峰采自锦川、武康，峰中种植有牡丹。广庭南有池沼，池中有石峰。莫愁湖园靠近三山门，位于莫愁湖南，景致幽胜。园内有高楼，可登楼赏月。

同春园位于城西南隅，内有嘉瑞堂、萌绿堂，堂北有池，池边有藻监阁、漱玉亭。园内多种牡丹、芍药。

武定侯园位于竹桥西汉府后，园内多竹，内有轩堂水亭。

姚元白营造有市隐园，植被茂盛，有野趣。[1]园内有大池、茅

---

① ［明］周晖：《金陵琐事·续金陵琐事·二续金陵琐事》，南京出版社，2007年，第98页。

亭、中林堂、鹅群阁等。

武氏园位于南门小巷内，园内有轩，四面开敞，南有方池，旁有精舍，西边有楼。

杞园位于聚宝门外，面对河道。园内有三楹堂，庭中种植牡丹。旁有芍药圃，另有茉莉等花。园内有池，池中有金边白莲。

吏部侍郎顾起元在花露岗建有遁园，园内筑有小石山，并建有横秀阁、七召亭、耕烟阁、快雪堂、懒真草堂、郊旷楼等建筑，园内多种植梅花、丛竹、古松，享誉金陵。

吴孝廉园位于城池一隅，内多竹、桂，植被茂盛。

何参知露园，位于凤凰台东南，内有亭馆、池沼，林木茂盛。

味斋园位于花盝岗，西边为瓦官寺。地势较高，园内有楼面东，视野开阔，可俯瞰西园。

长卿园位于骁骑仓，园内有阁、亭、轩，以绣球花闻名。

茂才园位于瓦官寺南，原有老梅数株，环境幽邃。

许无射园位于萧公庙东，入口路径曲折，中有广庭，竹树茂盛。园北有张保御园，内有三楹屋宇，树木多。

熙台园位于杏花村口，面积较少，林木幽翠，有老杏若干。

陆文学园园内有池，种荷，中有小亭。

方太学园，外有土墙，内有古屋数间，以牡丹闻名。

武文学园，位于下瓦官寺东侧，花竹葱郁，夹杂有山石，杏树繁茂。

羽王园位于骁骑仓东南，园内有池，多种莲花，架有高阁，可远眺东南诸山。

太复新园位于九天祠以北，土地平坦开阔，内有屋宇，多花木。[1]

快园为徐子仁的宅邸园林，建于明武宗时期。园内开辟有西湖，并建有丽藻堂、晚静阁等，水中种荷花、睡莲，水边多种桃树、柳树。明武宗南巡时曾游览快园，晚上在晚静阁垂钓，钓得金鱼，乐极而跌落西湖水中，故西湖又称为浴龙池，丽藻堂又称为宸幸堂。[2]

嘉靖年间，徐元超于仙鹤街建有大隐园，内有海月楼、鹅群阁、秋影亭、浮玉桥、芙蓉馆、萃止居、恩元室、中林堂、柳浪堤等景点。

张庄节在凤凰台建有海石园，园内清绣堂前置高达两丈的景石，为园主在海外所获。

明末政治家、戏曲家阮大铖在城南司库坊建有石巢园，聘请计成设计与施工，内有亭台园圃，颇有古意。

除以上园林外，还有冯晋渔所建欣欣园、陈铎的陈氏宅园、寒山园、疏园、万松别墅、读乐园等。据《盋山志》，明代南京还有吴氏园、何太仆园、山水园等私家园林；[3]据《金陵琐志九种》记载，南京还有斐园、足园、读乐园、金氏滕园、小东园、桂园、五柳居、息园、常府园等。[4]

---

① ［明］王世贞：《游金陵诸园记》，载陈从周、蒋启霆《园综》，同济大学出版社，2004年，第180—188页。

② ［明］周晖：《金陵琐事·续金陵琐事·二续金陵琐事》，南京出版社，2007年，第132页。

③ ［清］顾云：《盋山志》，南京出版社，2009年，第12—19页。

④ ［清末民初］陈作霖、［民国］陈诒绂：《金陵琐志九种》，南京出版社，2008年，第105—120、363—384页。

一部分私家园林因为名气较大，成为当地的园林名胜，被收录进《金陵世纪》和《金陵选胜》中。私家园林大多存在时间不长，唯独瞻园一直保存至清朝，并成为江宁布政使署所在。乾隆皇帝第二次下江南时，曾巡幸瞻园，并题匾额，回京后在京城圆明园内仿照瞻园营造了如园。[①]

① 南京市地方志编纂委员会：《南京园林志》，方志出版社，1997年，第87—92、300页。

第四节　明代南京佛寺园林

明太祖朱元璋沙弥出身，洞悉佛教对巩固政权的作用，于是在南京扩建、重建、新建了一大批寺院，还在天界寺设善世院，命僧慧昙管领佛教，后又仿宋制设中央机构“僧录司”，由六部中的礼部分管。各府州县也分别设僧纲司、僧正司、僧会司，掌管佛教事务。同时，佛教大藏经《永乐南藏》的印刷传播，使得南京成为全国佛经传播的中心。禅宗、净土宗、天台宗等领袖也集聚南京，讲经弘法。南京佛寺和僧人的数量大增，高僧的地位也进一步提升，南京佛寺的建设达到了前所未有的高度。[①]

表4-8　明代南京佛寺选址统计表

（依据明代葛寅亮《金陵梵刹志》中记载统计）

分类	位置	佛寺名称
山林地	钟山	灵谷寺、定林寺、草堂寺、佛国寺、普济寺、观音阁、苜蓿庵
	摄山	栖霞寺
	祈泽山	祈泽寺
	凤山	天界寺
	东山	翼善寺
	方山	定林寺

① 邢定康、邹尚：《南京历代佛寺》，南京出版社，2018年，第11—13页。

续表

分类	位置	佛寺名称
山林地	卢龙山	静海寺
	清凉山	清凉寺
	鸡笼山	鸡鸣寺
	天竺山	能仁寺、福兴寺、永福寺
	牛首山	弘觉寺、花岩寺、慧光寺、永宁院
	幽栖山	祖堂寺
	幕府山	幕府寺、嘉善寺、崇化寺
	黄龙山	普济庵
	三山	三山寺
	雨花台	高座寺、安隐寺、均庆院、月印庵
	凤凰台	上瓦官寺
	梅冈	宝光寺、永宁寺、惠应寺
	吉山	吉山寺、永泰讲寺
	天王山	般若寺
	土山	吉祥庵
河湖地	青溪	鹫峰寺、湘宫寺、洞神宫
	内秦淮河	接待寺、多福寺、下瓦官寺
	玄武湖	三塔寺
	护城河	永宁寺
	长江	弘济寺、观音寺
城市地		伽蓝庵、永庆寺、华光庵、一苇庵、五云庵、龙华庵、普利寺、封崇寺、留守正定庵、回光寺、千佛寺、大中正觉庵、亭子巷观音庵、承恩寺、佑国庵、伞巷观音庵、铜井院、十方律院、回龙庵、双桥门圆通庵、慈悯庵、兴善

续表

分类	位置	佛寺名称
城市地		寺、观音庵、清果寺、梵惠院、茶亭庵、地藏庵、广惠寺、天宁寺、云居寺、庄严寺、东霞寺、外永福寺、光相寺、天隆寺、淳化镇积善寺、三禅寺、安平寺、登台寺、慈光寺、无垢寺、紫草寺、华严庵、广惠院、崇善寺、宝善寺、龙泉庵、隐静寺、本业寺、山海院、法清院、香林寺、吴读庵、许村庵、桂阳寺、慈仁寺、报恩寺、华严寺、外鹫峰寺、圆通庵、外承恩寺、通善寺、广缘寺、圆通寺、佑圣庵、资福寺、静明寺、宝光寺、宝林庵、瑞相院、永兴寺、普照寺、惠应寺、安隐院、西天寺、德恩寺、大慧庵、到彼庵、普德寺、碧峰寺、崇因寺、英台寺、慈善寺、兴福寺、凤岭寺、外永宁寺、德胜寺、广兴寺、智安寺、德寿寺、永泰寺、祝禧寺、天隆极乐寺、慧光寺、宁海寺、静居寺、懋德庵、清福寺、栖隐寺、葛塘寺、真如寺、妙明寺、后阳寺、清修院、后黎寺、建昌寺、一真庵、金川门积善庵、西林寺、明性寺、衲头庵、高台寺、接待寺、正觉庵、净土庵、定林庵、江东门积善寺、中和庵、报国庵、普缘寺、唱经楼、普贤庵、吉祥寺、金陵寺、妙泰寺、三塔寺、观音寺、清真寺、梵惠寺、狮子窟、净乐庵、骁骑卫千佛庵、普惠寺

《洪武京城图志》中有一幅《庙宇寺观图》,呈现了明初南京代表性寺观的分布情况(图4-53)。本节结合明代葛寅亮(1570—1646,字水鉴,杭州人)所著《金陵梵刹志》及其他相关志书,梳理明代佛寺选址情况(表4-8)。位于"山林地"的佛寺主要集中于钟山、牛首山和雨花台,在天竺山、梅冈、摄山、鸡笼山、幕

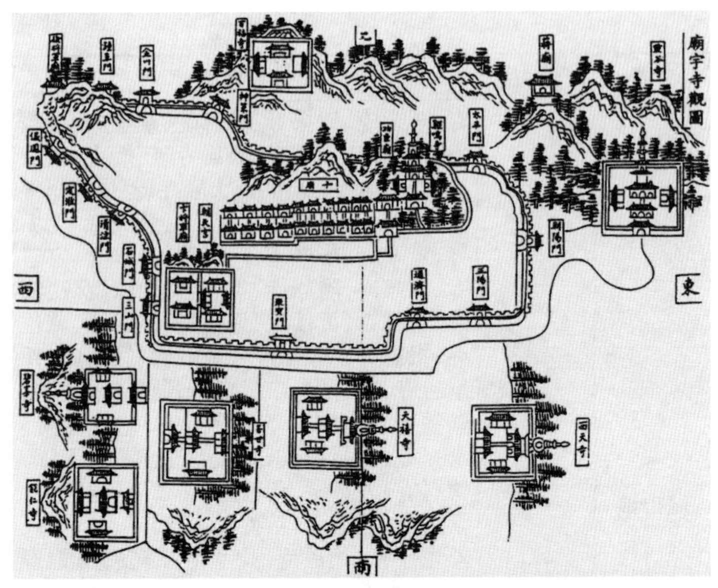

图 4-53 [明]《洪武京城图志·庙宇寺观图》

府山等也有分布。钟山位于内城以东，雨花台、牛首山位于内城以南，这些山体均距离居民区较近，方便人们日常礼佛。且由于这些山体风景优美、林木繁茂，地理位置优越，具有良好的建寺条件，自南朝起它们便成为寺院建造的首选之地，明代仍为主要的寺院集聚之所。

位于“城市地”的佛寺主要分布于内城片区以及外城南部和东部片区。

内城片区佛寺数量众多，主要集中于大市街以北区域及大市街以南至聚宝门间的区域。前者为官宦聚居地，距离皇城较近；后者是明代南京城主要的居民区及地方衙署区，且该区域中的内秦淮河两侧市、坊密集，手工业、商业发达，还是著名的歌舞娱乐之所。

外城南部片区佛寺数量最多,分布也最为紧密,主要集中于聚宝门以南至雨花台一带。该片区是与内城密切相关的经济活动区,人口集聚程度高,行、坊、市众多,商业贸易频繁。且该片区自明初就受到了统治者的青睐,新建了大量佛寺,修复了一些原有的佛寺,并营建了举世闻名的大报恩寺。外城东部片区的佛寺主要分布于上方门、高桥门、沧波门、麒麟门内的地区,该片区的佛寺大多是在原寺基址上改建或者重建的,少有择址新建的佛寺。

由于自然环境和军事防御功能的影响,外城北部及以西部片区佛寺较少。外城北部片区地域辽阔,山脉绵延,有狮子山、幕府山、观音山等,人口集聚程度不高,明代以前该片区佛寺数量极少。明初,明太祖在南唐江宁府城的基础上向西、北扩建南京城,紧依长江,以适应江防的需要,在幕府山和观音山至内城之间的区域也陆续建立了一些寺院。外城西部片区临江,地狭人稀,故佛寺数量相对而言最少,主要集中在卢龙山附近和南部三山门外。

位于"河湖地"的佛寺大多分布于青溪、内秦淮河及玄武湖周边。青溪和内秦淮河均位于内城南部,玄武湖紧邻内城。这些河湖周边人口稠密,且历史人文气息浓厚,为建寺佳处。

《金陵梵刹志》中的寺图描绘精细,呈现了明代南京寺观内部景观格局与风貌。比如,其中的《报恩寺》一图,对大报恩寺寺院格局与建筑描绘尤为精细(图4-54)。报恩寺位于城南聚宝门外长干里,东吴时期曾在此地营造建初寺,寺内建有阿育王塔,

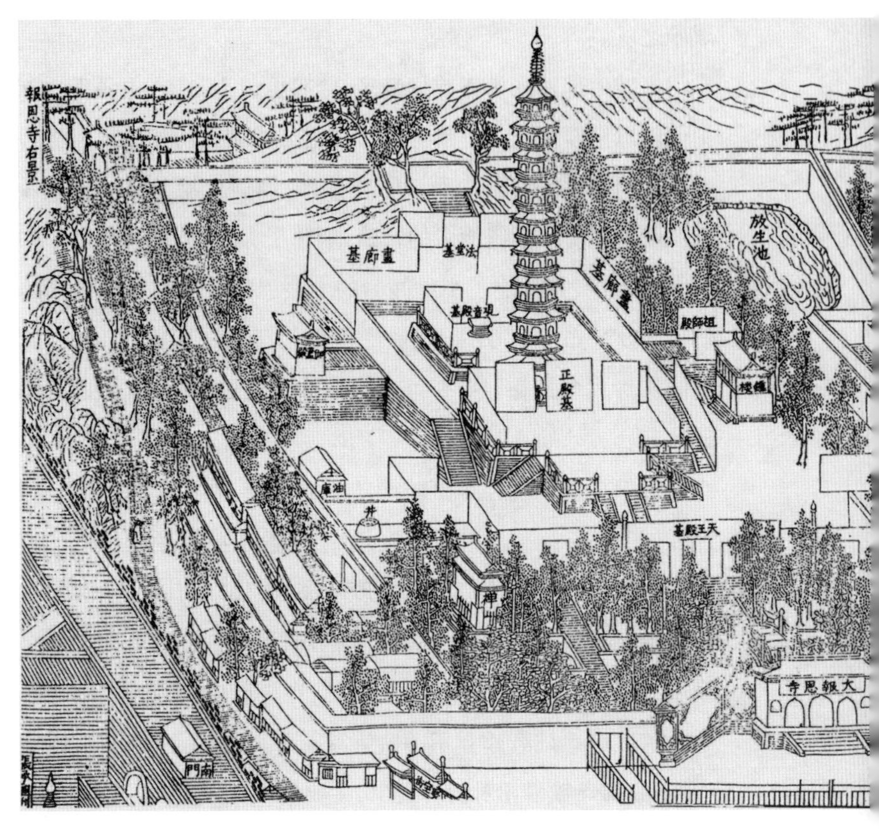

为江南最早的寺塔。晋朝时期复建，名曰长干寺，塔中放入舍利子。北宋时期，塔内放入唐朝玄奘大师舍利子，天禧年间再度重建，改名天禧寺。明永乐年间再度重建，改名为大报恩寺。图中寺院靠近进出城门的大路，路两端各有一座四柱三开间牌坊，左边牌坊靠近聚宝门，右牌坊上写“长干里”三字。寺门面朝大路，开辟三座如意形门，两侧伸出八字形影壁，前方以栅栏围合成空

图 4-54 [明]葛寅亮《金陵梵刹志·大报恩寺》

地。入内为天王殿和正殿，殿身无存，仅有台基。正殿基后为报恩寺塔，塔高九级，六边形，各层出檐。塔后为观音殿、法堂，均仅剩殿基。两侧分布伽蓝殿、祖师殿，画廊围合。祖师殿前有钟楼，殿后为放生池。钟楼后方有大禅堂、库司，均面朝报恩塔，禅堂高两层，前后两幢，重檐歇山顶。禅堂后面有一山包，山包上矗立一座三藏舍利塔。请经房、禅堂正殿、观音殿诸建筑均围绕山包而建。寺门一侧另有小合院,前为藏经前殿,后为藏经殿,两侧有贮经廊围合。

结合《金陵四十景图像诗咏》中与寺观有关的图像内容,可以发现:明代南京佛寺内部空间格局主要是由“礼拜祭祀”“讲经传法”“生活起居”三大功能决定的。用于“礼拜祭祀”的建筑有佛殿、佛塔、佛阁,用于“讲经传法”的建筑有经楼、经堂、法堂、经藏殿、念佛堂等,用于“生活起居”的建筑主要有僧房、斋堂、香积厨、库司、客堂等。其中,“礼拜祭祀”功能占据核心地位,因而承担该功能的建筑多位于中轴线及核心空间,其余建筑大多位于轴线两侧或者次要空间。

具体而言,佛寺内部空间又可以分为前导空间、朝拜空间、研修空间和生活空间。佛寺山门至天王殿之间为前导空间,不同规格的佛寺前导空间大小不一,较大的佛寺前导空间景观丰富、节奏鲜明,如栖霞寺和灵谷寺均以放生池为序幕的起景点,有时配以碑亭等,增加了空间的生动性(见第十章相关内容)。而较小佛寺中的前导空间常采取曲折和隐蔽的处理手法,如利用隔墙等,形成层次丰富的引导路线。

佛寺中天王殿后是由主殿大雄宝殿和两侧配殿围合而成的朝拜空间。大雄宝殿是寺院的核心,院落面积大,整个空间庄严肃穆。此外,中轴线上还有以塔、阁为中心形成的朝拜空间。总体而言,中轴线上的空间序列体现了从尘世世界向佛教世界的转化过程。前导空间开阔、洁净,引导人心由俗世转入清净;主体殿堂构成的朝拜空间里,人们油然而生对佛的崇敬之情;最后为佛塔或者高阁,为空间的高潮部分。

法堂、经堂、藏经楼、经藏殿等与周围配殿构成研修空间，建筑疏朗，院落空间较大，以便僧众进行佛事活动。

生活空间大多位于寺院后部、两侧等较为次要的位置。该类空间中建筑排列紧凑，院落面积较小，展现朴素卓雅的风格。院落中种有松柏、梅花、七叶树等，幽深静谧。

此外，明代南京佛寺内部通常以山门、影壁、院墙、廊、庑、植物等来联结和分隔空间。佛寺最前端为山门，山门位于山下或山中，部分佛寺山门前设牌坊，山门后常有影壁。佛寺外多以院墙围合。内部建筑分为几路，中轴线上的各殿左右均配有“庑”，形成独立的小空间，寺中配殿常以“廊”与主殿相接。不同佛寺内部院落间联结和分隔方式也不尽相同，例如灵谷寺主要以院墙和院落间的地形跌落分隔空间；天界寺中用廊、庑和植物形成建筑间有虚有实的隔断；报恩寺则以画廊和贮经廊联结主要殿堂和配殿（图4-55）。还有一些佛寺中砌筑了透空花墙和垂花门以增加空间感与透视感，形成虚实相间的空间。

山林地佛寺背景为高山茂林，就具体营建位置而言，有的佛寺主体建筑群建于山坡之上，有的建于山麓较为平坦处。建于山坡的佛寺如嵌入山体之中，建筑依据山坡的走势而建，高差较大，层层抬升，形成不同高度的空间，给人以视觉上的震撼。例如，牛首山山体连绵起伏，山中松林挺拔。弘觉寺依牛首山而建，主体建筑建于山坡上，台层以白云梯相连。中轴线自山门起，经过白云梯，直至山顶，寺院入口至佛殿之间距离长，建筑主要位于沿山坡开辟的山地台层上，逐层抬高，两旁植被丰富，幽深宁静。藏经阁立于峰顶，极有气势。

建于山麓的佛寺整体高差较小，背倚山岭，私密性高，整体氛围安静，更适于修行（图4-56）。如清凉寺建于清凉山山麓，北、西、东三面被山体环抱，呈半开敞的形态，地势起伏和缓。佛寺周围山路萦绕，植被丰富，环境清幽，整体氛围安宁平和。嘉善寺建于幕府山山麓，四周农田阡陌纵横，一片田园景色，安恬悠远。山地地形为佛寺空间提供了竖向的变化，依坡度设置建

图4-55 ［明］葛寅亮《金陵梵刹志·天界寺》

筑，形成不同高度的空间，由此也形成不同的视线关系和空间氛围。

位于河湖周边的佛寺数量较少，主要在青溪、秦淮、玄武湖周边，还有一些临长江而建。面湖滨江建寺，可赏奔涌灵动水景，视野辽阔，水景也为佛寺建筑增添许多生气。弘济寺位于燕子矶下，临长江而建，背后为幕府山石壁。其建筑格局受到独特

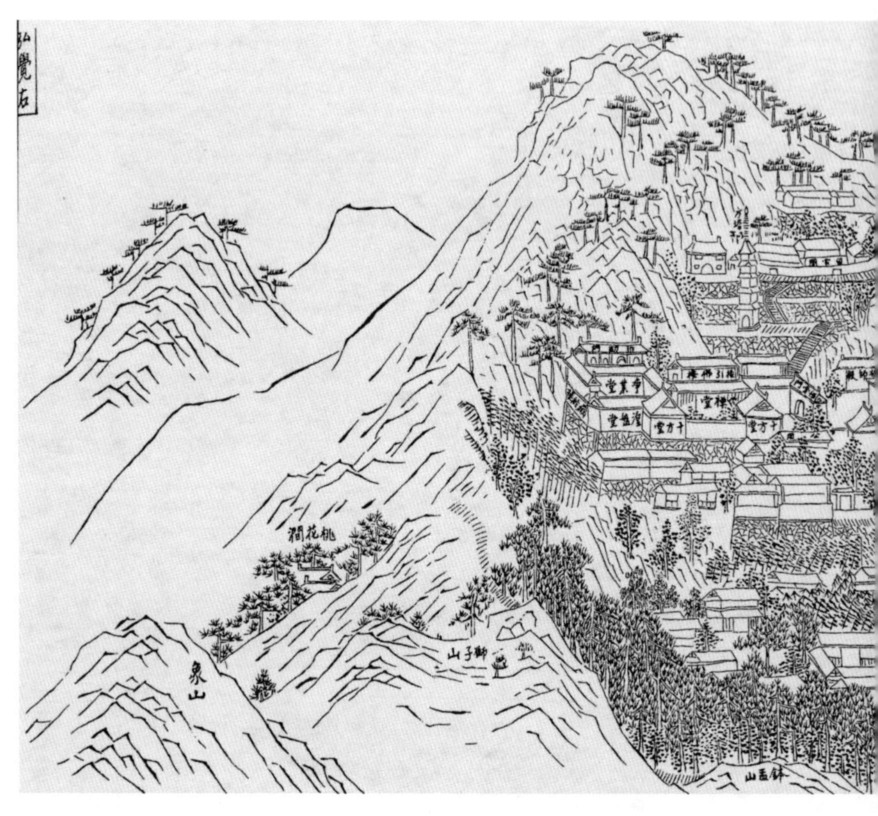

的基地形状影响，除了山门与天王殿外，其他殿宇均为背山面江横向配置。燕子矶下江水波澜壮阔、汹涌澎湃，佛寺建筑在江面映衬下更多了辽远、深邃之感。鹫峰寺临青溪而建，青溪蜿蜒曲折，于寺中可赏水光潋滟、绿意浓郁，氛围安宁美好。

建于城市地的佛寺多位于闹市区，寺外环境市井气息较浓，佛寺大多面朝大路而建，寺内香火旺盛。大报恩寺是城市地佛

图4-56 [明]葛寅亮《金陵梵刹志·弘觉寺》

寺的代表。该寺建于聚宝门外长干里。长干里原为春秋时期越城所在地，人口密集、交通便利，是南京著名的商品货物集散地。大报恩寺是明代皇家寺院、佛教圣地，寺门开在入城大道边，四周民居密集。寺门对面的师姑巷，是著名的刻经书坊中心，佛学氛围浓厚。该寺香火旺盛，前往大报恩寺进香祈福的皇室、官员或是普通民众络绎不绝。

第五章　清代南京园林

第一节　清代南京城市发展

清初，原南京城的金川、钟阜、清凉门被封闭，原明皇城改为"满城"，作为旗人驻防、居住的区域，内设江宁将军、都统二衙门，明皇宫殿宇损毁严重。康熙三十八年(1699)，明皇宫殿宇建筑构件被运往普陀山用于修建法雨寺九龙大殿。[①]原明代汉王府改为两江总督府。城内还营建了江宁织造署，用于管理官办织造业务，织机与工匠则集中于城南中华门两侧门东、门西地区。秦淮河边的江南贡院规模宏大，与孔庙、县学等建筑物共同构成夫子庙文化区。

太平天国时期，"满城"被毁，在紫金山与太平门外分别修建了天保城、地保城。金陵城内大兴土木，营建了天王府宫殿等建筑群。天王府在原两江总督府的基础上改建而来，规模宏大，由内外两重城构成。内城名为金龙城，正门为真神圣天门。外城名为太阳城，正门为天朝门。建筑群格局采取中轴对称方式，自南向北依次为大照壁、天台、牌坊、天朝门、真神殿、真神圣天门、金龙殿。金龙殿是天王府主殿，殿后是后林苑，左右为东、西花园(图5-1)。太平天国运动失败后，天王府被拆，同治九年

---

① 苏则民:《南京城市规划史稿　古代篇·近代篇》，中国建筑工业出版社，2008年，第198页。

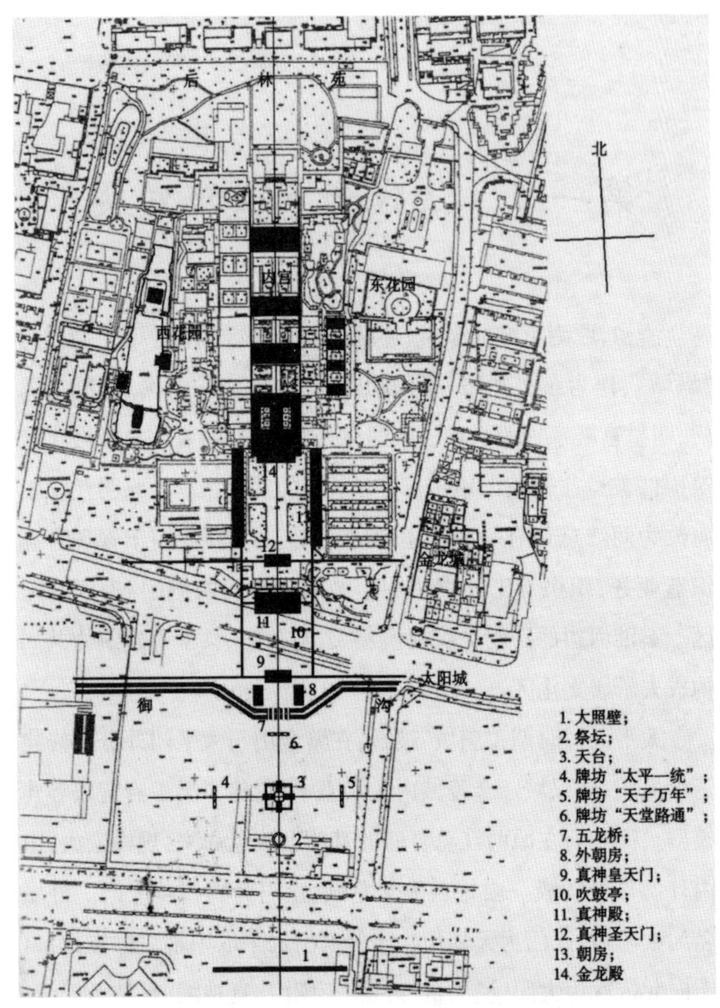

图5-1 天朝宫殿中轴线建筑群示意图
（图片来源：苏则民编著《南京城市规划史稿　古代篇·近代篇》221页）

（1870）在原地重建两江总督府。

除了天王府以外，太平天国时期南京城内还修建有东王府、西王府等多处王府建筑群，均毁于战火。

洋务运动兴起后，南京进入了城市近代化阶段。同治至光绪年间，一批近代工业企业，如李鸿章兴办的金陵机器制造局、英国人兴办的浦镇机车厂在此相继建设。由于下关是沪宁铁路终点站，其对岸浦口是津浦铁路终点站，下关地区不仅建设了车站码头，还设有邮政总局，浦口也建设了浦口车站。

两江总督张之洞主持修建了南京首条近代道路——江宁马路，自下关起始，过仪凤门、三牌楼、鼓楼，经过鸡笼山直至总督衙门，后延续至通济门，再连接至旱西门和中正街。两江总督端方推动修建的江宁铁路，又称为宁省铁路，自下关起始，经金川门，绕北极阁直至中正街。由于内外交通量增加，清末在定淮门和清凉门之间增设了草场门，城北增加了小北门。

端方在南京期间，发起了南洋劝业会。南洋劝业会是全国性的工农业产品展览会，是我国首次举办的大型博览会，不仅国内厂商大量参展，美日和驻上海的各国领事馆均派代表前来观摩。会址设置在玄武湖西侧，附设动物园、植物园等游览设施，在神策门和太平门增加了丰润门，以沟通后湖和会场。

第二节　清代南京风景名胜

清初，余宾硕（字鸿客）长居南京，著有《金陵览古》诗集，收录其以六十处金陵胜迹为主题而撰写的览古七律诗。该诗集按照以地理为中心、以名胜为纲目、先序后诗的体例。各诗均为景诗，各诗之前的序文记录了胜迹风物景观和地理位置、历史掌故等信息。书中各卷罗列的风景胜迹主要包括：旧内、郊坛、灵谷寺、钟山、半山园、昭明读书台、玄武湖、幕府山、燕子矶、栖霞寺、黄天荡、龙江关、石头城、莫愁湖、孙楚酒楼、白鹭洲、三山、板桥浦、新亭、天阙、桃花涧、献花岩、姑塘、雨花台、梅冈、木末亭、阿育王塔、越王城、赤石矶、东山、方山、温泉、桃叶渡、青溪、秦淮、乌衣巷、长桥、周处台、杏花村、瓦官寺、凤凰台、冶城、卞将军冢、西州、丛宵道院、虎踞关、一拂祠、清凉台、马鞍山、拜梅庵、卢龙观、观象台、鸡鸣寺、台城、华林园、景阳楼、芳乐苑、临春阁、胭脂井、大本堂。①

康熙《江宁府志》为清初江宁知府陈开虞纂修，康熙七年（1668）刊刻。其中收录有画家高岑所作的《金陵四十景图》。高岑（1621—1691），字善长、蔚生，杭州人，久居金陵，擅长山水画，是“金陵八家”中的代表性画家。高岑所作《金陵四十景图》共计四十幅，每幅一景，所绘名胜景点与朱之藩的金陵四十景基本相同，各幅配有题跋作为景点的说明（图5-2—图5-41）。

清代乾隆年间，在“金陵四十景”的基础上，又发展出“金陵

---

① ［清］余宾硕：《金陵览古》，南京出版社，2009年。

图5-2 [清]高岑《金陵四十景图·钟阜山》

图5-3 [清]高岑《金陵四十景图·石城桥》

图5-4 [清]高岑《金陵四十景图·牛首山》

图5-5 [清]高岑《金陵四十景图·白鹭洲》

图5-6 [清]高岑《金陵四十景图·天印山》

图5-7 [清]高岑《金陵四十景图·狮子山》

图5-8 [清]高岑《金陵四十景图·凤凰台》

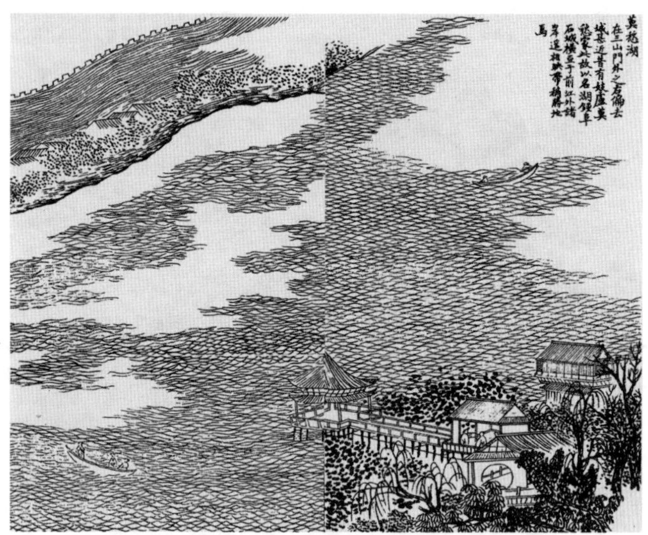

图5-9 [清]高岑《金陵四十景图·莫愁湖》

图5-10 [清]高岑《金陵四十景图·赤石矶》

图5-11 [清]高岑《金陵四十景图·谢公墩》

图5-12 [清]高岑《金陵四十景图·洛星岗》

图5-13 [清]高岑《金陵四十景图·鸡笼山》

图5-14 [清]高岑《金陵四十景图·栖霞寺》

图5-15 [清]高岑《金陵四十景图·雨花台》

图5-16 [清]高岑《金陵四十景图·凭虚阁》

图5-17 [清]高岑《金陵四十景图·燕子矶》

图5-18 [清]高岑《金陵四十景图·长干里》

图5-19 [清]高岑《金陵四十景图·达摩洞》

图5-20 [清]高岑《金陵四十景图·三宿岩》

图5-21 [清]高岑《金陵四十景图·清凉寺》

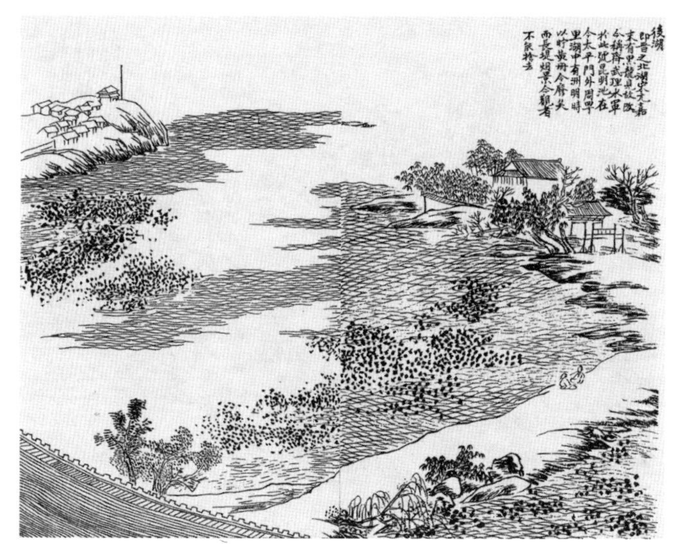

图5-22 [清]高岑《金陵四十景图·后湖》

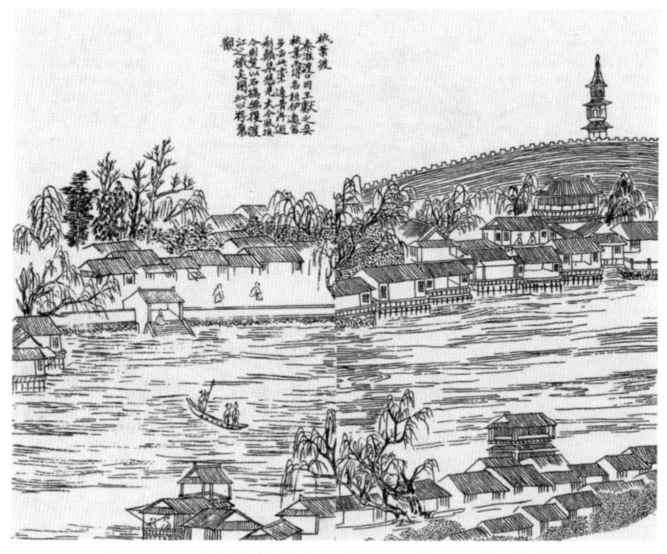

图5-23 [清]高岑《金陵四十景图·桃叶渡》

图5-24 [清]高岑《金陵四十景图·杏花村》

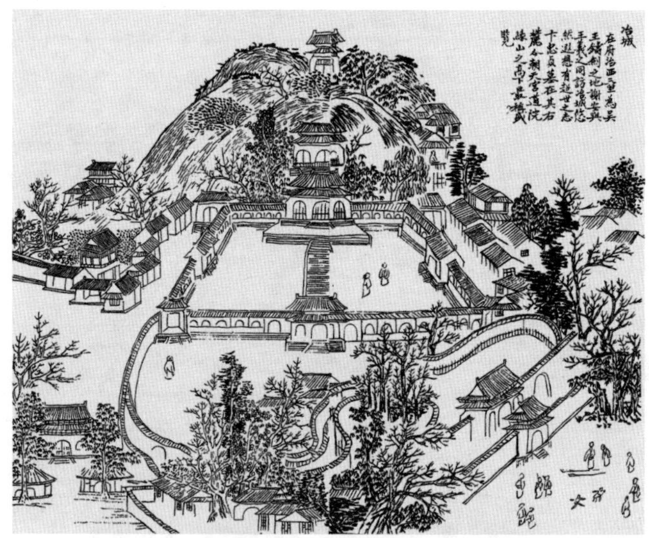

图5-25 [清]高岑《金陵四十景图·冶城》

图5-26 [清]高岑《金陵四十景图·幕府山》

图5-27 [清]高岑《金陵四十景图·神乐观》

图5-28 [清]高岑《金陵四十景图·献花岩》

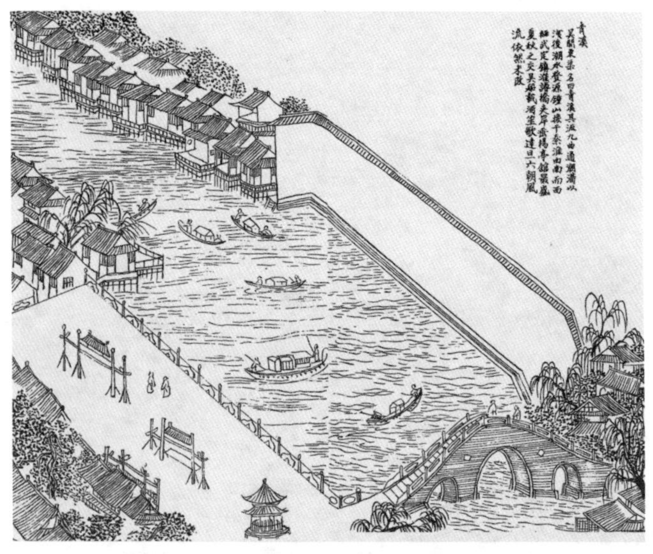

图5-29 [清]高岑《金陵四十景图·青溪》

图5-30 [清]高岑《金陵四十景图·幽栖寺》

图5-31 [清]高岑《金陵四十景图·东山》

图5-32 [清]高岑《金陵四十景图·长桥》

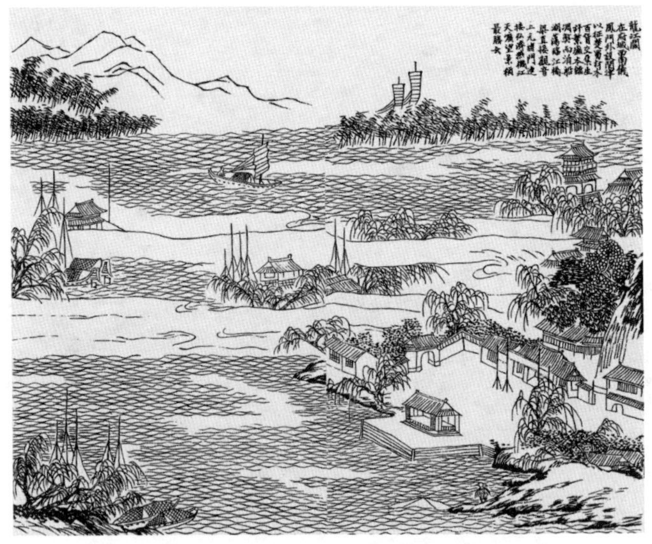

图5-33 [清]高岑《金陵四十景图·龙江关》

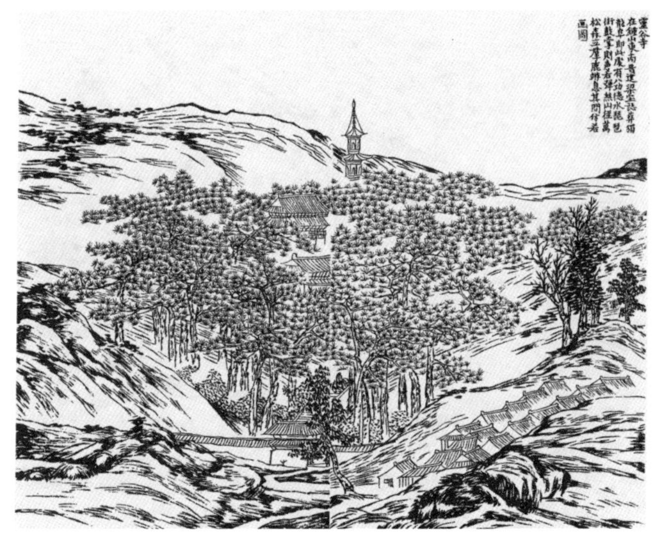

图5-34 [清]高岑《金陵四十景图·灵谷寺》

图5-35 [清]高岑《金陵四十景图·祈泽池》

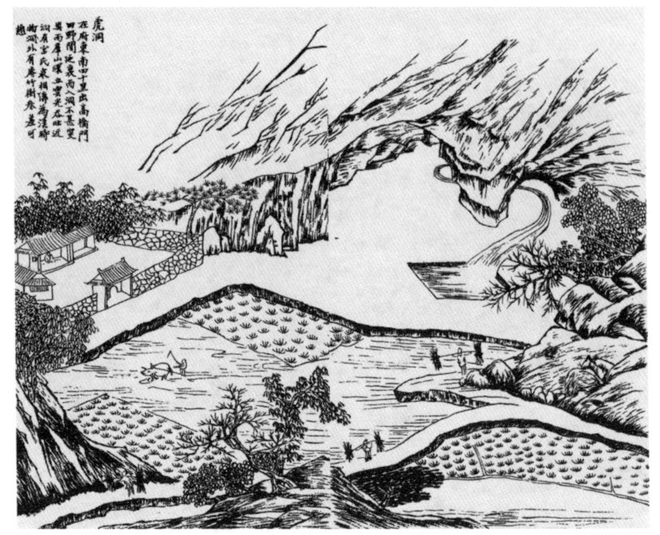

图5-36 [清]高岑《金陵四十景图·虎洞》

图5-37 [清]高岑《金陵四十景图·永济寺》

图5-38 [清]高岑《金陵四十景图·嘉善寺》

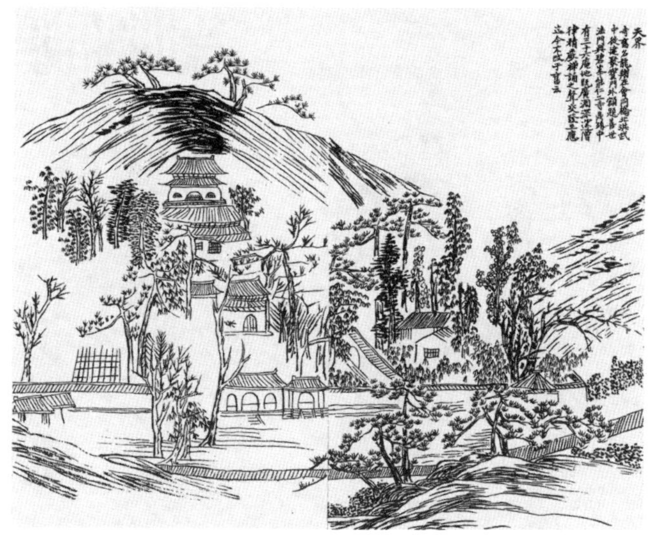

图5-39 [清]高岑《金陵四十景图·天界》

图5-40 [清]高岑《金陵四十景图·秦淮》

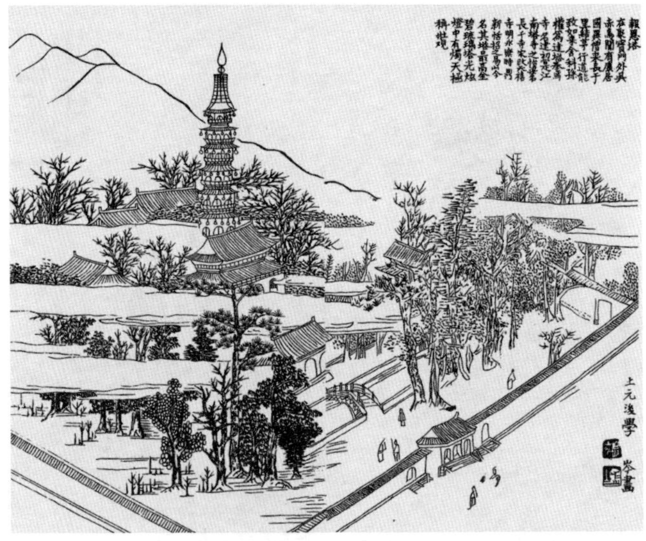

图5-41 [清]高岑《金陵四十景图·报恩塔》

四十八景”的提法。“金陵四十八景”包括石城霁雪、钟阜晴云、鹭洲二水、凤凰三山、龙江夜雨、虎洞明曦、东山秋月、北湖烟柳、秦淮渔唱、天印樵歌、青溪九曲、赤石片矶、楼怀深楚、台想昭明、杏村沽酒、桃渡临流、祖堂振锡、天界招提、清凉问佛、嘉善闻经、鸡笼云树、牛首烟岚、栖霞胜境、达摩古洞、燕矶夕照、狮岭雄观、化龙丽地、来燕名堂、报恩寺塔、永济江流、莫愁烟雨、珍珠浪涌、长干故里、甘露佳亭、雨花说法、星岗落石、长桥选妓、幕府登高、谢公古墩、三宿名崖、神乐仙都、灵谷深松、献花清兴、木末风高、凭虚远眺、冶城西峙、商飙别馆、祈泽池深。清末徐虎以此为内容绘有《金陵四十八景图》(图5-42—图5-89)。[①]

图5-42 [清]徐虎《金陵四十八景图·石城霁雪》

① 程章灿、成林:《从〈金陵五题〉到“金陵四十八景”——兼论古代文学对南京历史文化地标的形塑作用》,载《南京社会科学》,2009年第10期,第64—70页。

图5-43 [清]徐虎《金陵四十八景图·钟阜晴云》

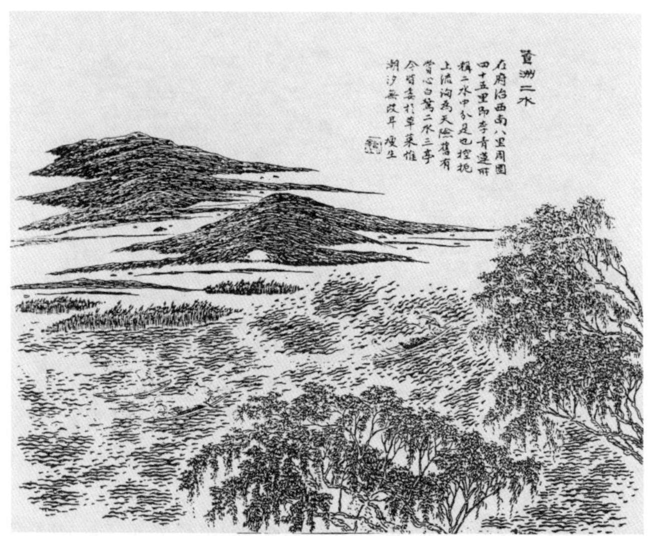

图5-44 [清]徐虎《金陵四十八景图·鹭洲二水》

图5-45 [清]徐虎《金陵四十八景图·凤凰三山》

图5-46 [清]徐虎《金陵四十八景图·龙江夜雨》

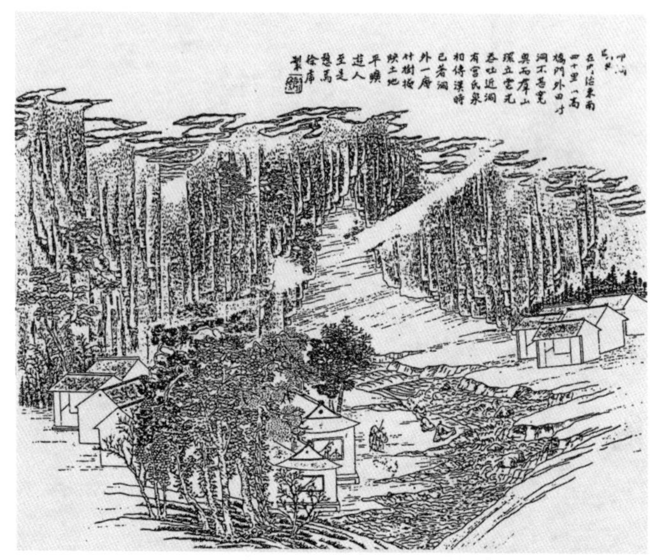

图5-47 [清]徐虎《金陵四十八景图·虎洞明曦》

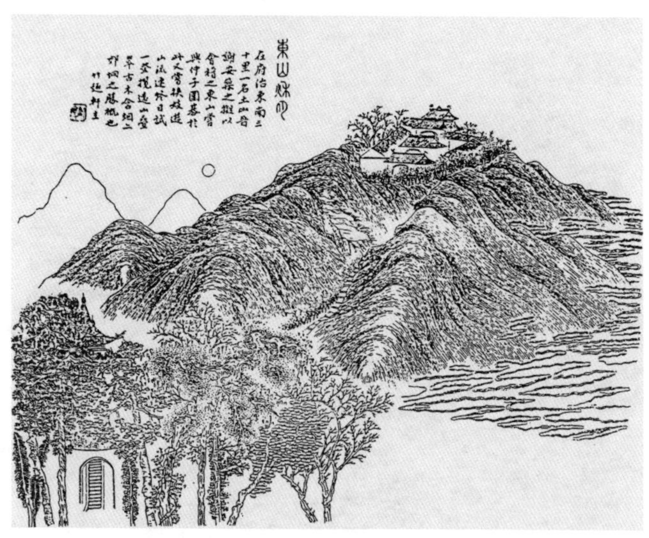

图5-48 [清]徐虎《金陵四十八景图·东山秋月》

图5-49 [清]徐虎《金陵四十八景图·北湖烟柳》

图5-50 [清]徐虎《金陵四十八景图·秦淮渔唱》

图5-51 [清]徐虎《金陵四十八景图·天印樵歌》

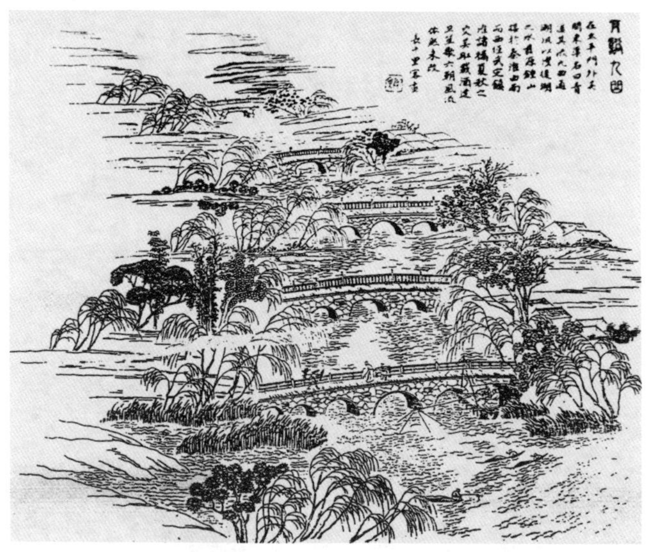

图5-52 [清]徐虎《金陵四十八景图·青溪九曲》

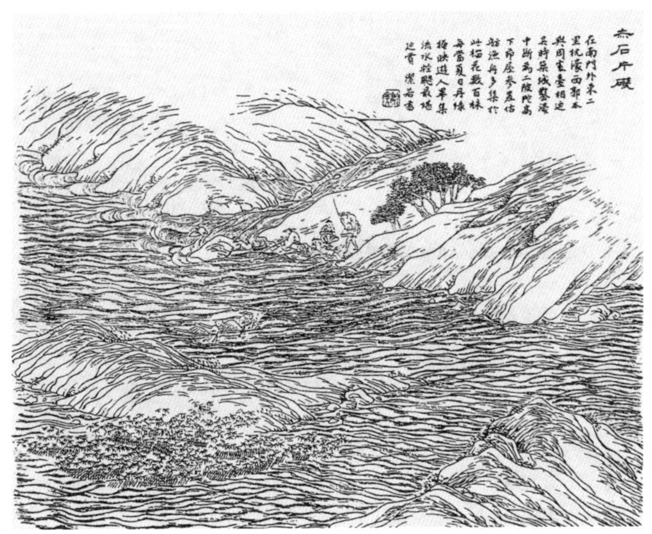

图5-53 [清]徐虎《金陵四十八景图·赤石片矶》

图5-54 [清]徐虎《金陵四十八景图·楼怀深楚》

图5-55 [清]徐虎《金陵四十八景图·台想昭明》

图5-56 [清]徐虎《金陵四十八景图·杏村沽酒》

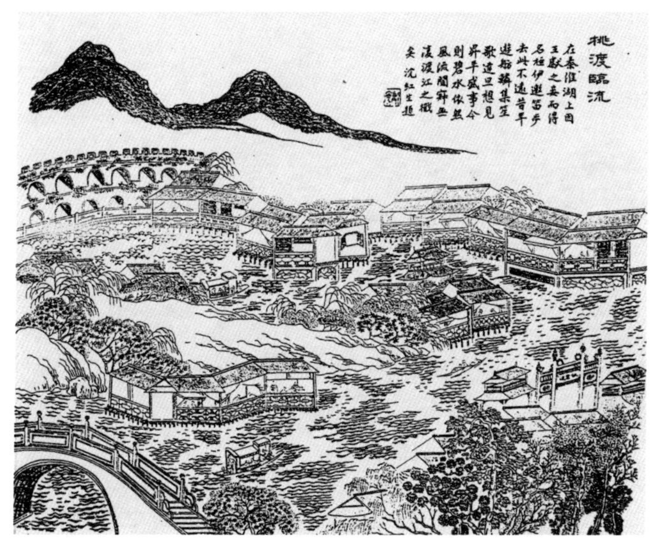

图5-57 [清]徐虎《金陵四十八景图·桃渡临流》

图5-58 [清]徐虎《金陵四十八景图·祖堂振锡》

图5-59 [清]徐虎《金陵四十八景图·天界招提》

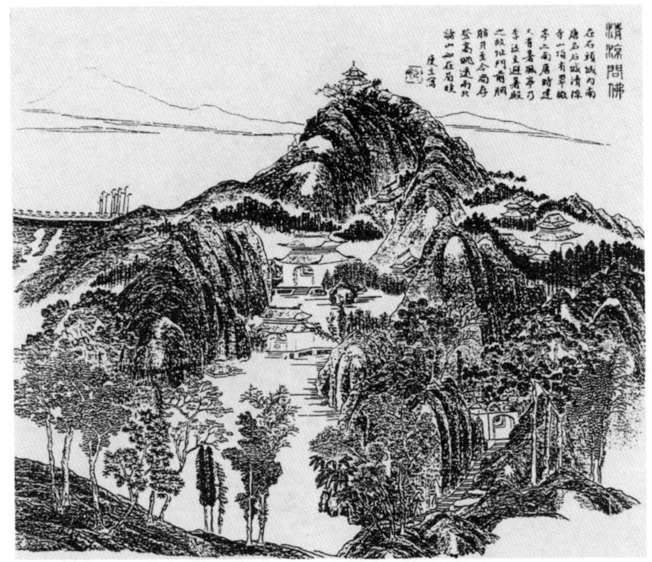

图5-60 [清]徐虎《金陵四十八景图·清凉问佛》

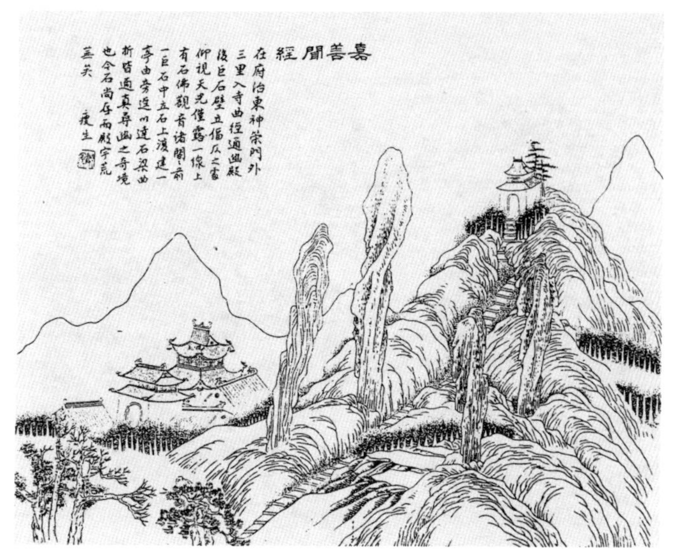

图5-61 [清]徐虎《金陵四十八景图·嘉善闻经》

图5-62 [清]徐虎《金陵四十八景图·鸡笼云树》

图5-63 [清]徐虎《金陵四十八景图·牛首烟岚》

图5-64 [清]徐虎《金陵四十八景图·栖霞胜境》

图5-65 [清]徐虎《金陵四十八景图·达摩古洞》

图5-66 [清]徐虎《金陵四十八景图·燕矶夕照》

图5-67 [清]徐虎《金陵四十八景图·狮岭雄观》

图5-68 [清]徐虎《金陵四十八景图·化龙丽地》

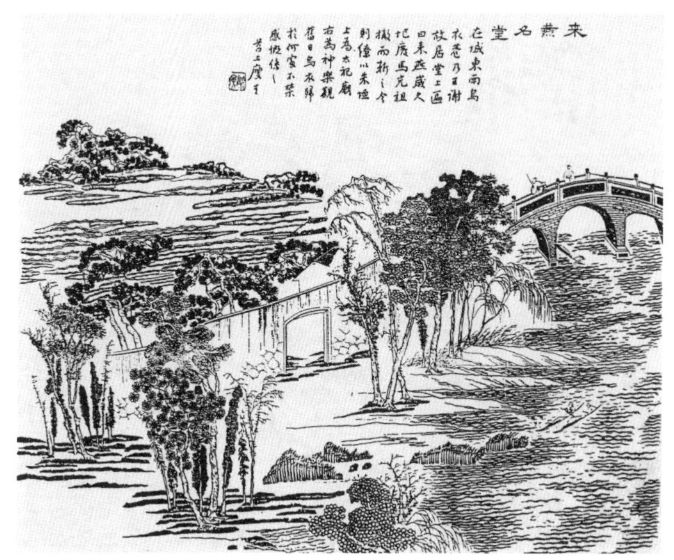

图5-69 [清]徐虎《金陵四十八景图·来燕名堂》

图5-70 [清]徐虎《金陵四十八景图·报恩寺塔》

图5-71 [清]徐虎《金陵四十八景图·永济江流》

图5-72 [清]徐虎《金陵四十八景图·莫愁烟雨》

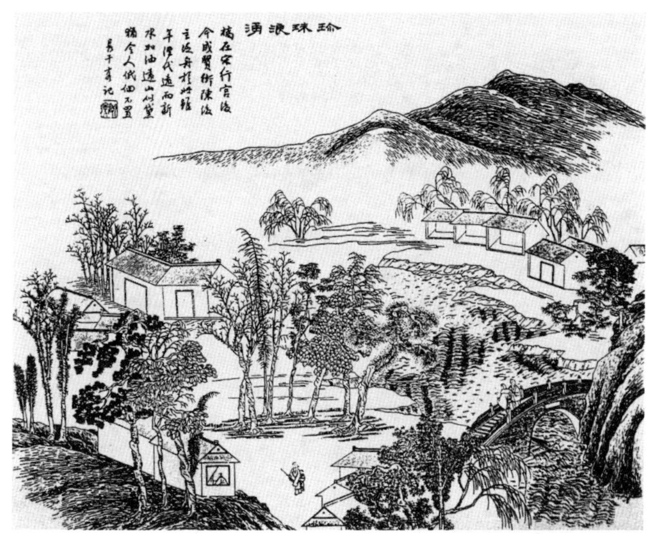

图5-73 [清]徐虎《金陵四十八景图·珍珠浪涌》

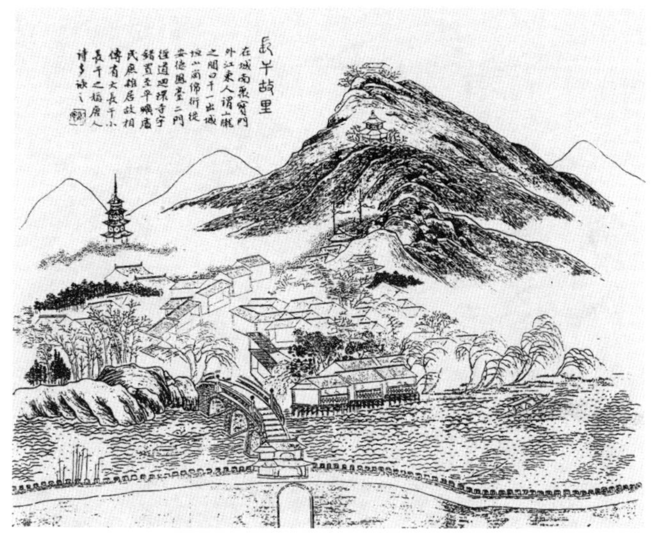

图5-74 [清]徐虎《金陵四十八景图·长干故里》

图5-75 [清]徐虎《金陵四十八景图·甘露佳亭》

图5-76 [清]徐虎《金陵四十八景图·雨花说法》

图5-77 [清]徐虎《金陵四十八景图·星岗落石》

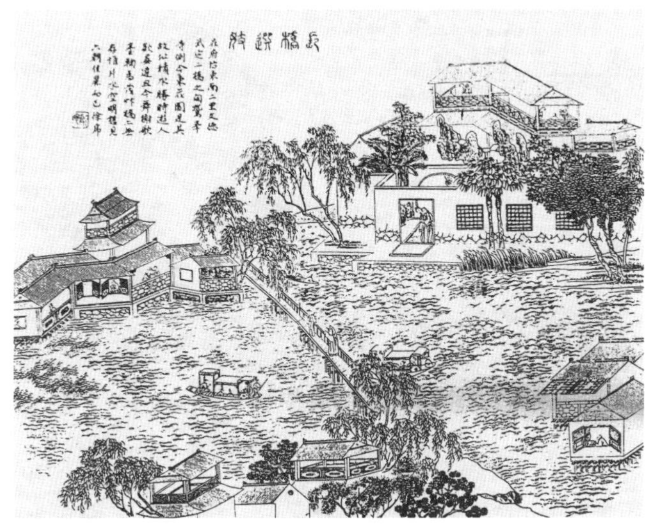

图5-78 [清]徐虎《金陵四十八景图·长桥选妓》

图5-79 [清]徐虎《金陵四十八景图·幕府登高》

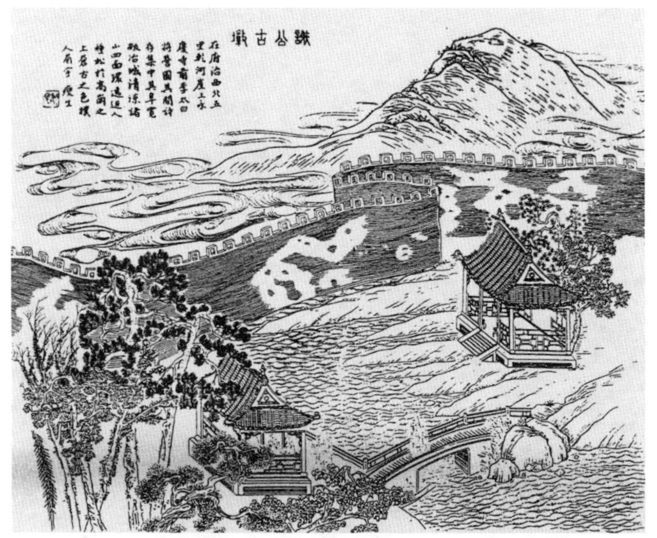

图5-80 [清]徐虎《金陵四十八景图·谢公古墩》

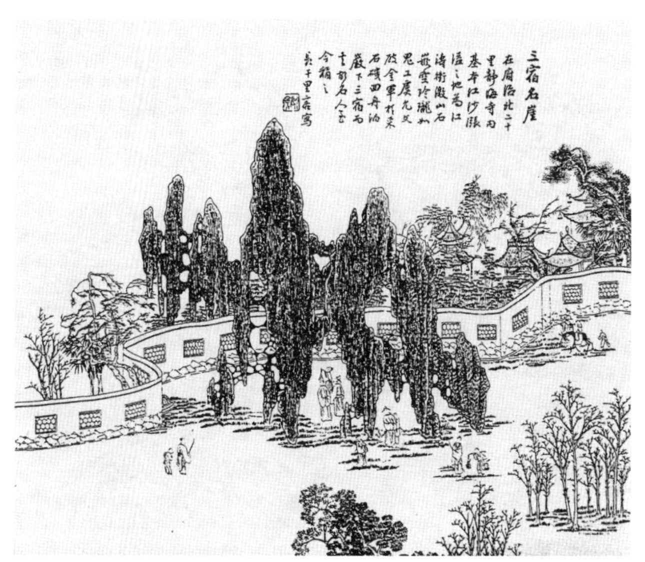

图5-81 [清]徐虎《金陵四十八景图·三宿名崖》

图5-82 [清]徐虎《金陵四十八景图·神乐仙都》

图5-83 [清]徐虎《金陵四十八景图·灵谷深松》

图5-84 [清]徐虎《金陵四十八景图·献花清兴》

图5-85 [清]徐虎《金陵四十八景图·木末风高》

图5-86 [清]徐虎《金陵四十八景图·凭虚远眺》

图5-87 [清]徐虎《金陵四十八景图·冶城西峙》

图5-88 [清]徐虎《金陵四十八景图·商飙别馆》

图5-89 [清]徐虎《金陵四十八景图·祁泽池深》

“楼怀深楚”、“台想昭明”、“珍珠浪涌”、“甘露佳亭”、“商飙别馆”是清末徐虎的《金陵四十八景图》中新出现的名胜图像，分别描绘了孙楚酒楼、昭明台、珍珠河、甘露亭与商飙馆五处名胜。

《楼怀深楚》中所绘的为城西下浮桥秦淮河边的孙楚酒楼。据《秣陵集》记载，孙楚为魏晋时期人，其祖父曾任魏国骠骑将军，其父任南阳太守。孙楚才藻卓绝，迈爽不群。孙楚酒楼位于城西白鹭洲上，因李白在此楼会友醉酒，并作诗句“朝沽金陵酒，歌吹孙楚楼”而名声大振。[①]图中小巷深深、树木葱郁，园门处有数株芭蕉，朴素的民居环绕院墙，一栋曲尺形两层长廊在墙后延伸，廊后酒楼雕梁画栋，墙体上嵌有多样化的花窗。

《台想昭明》中所绘的昭明台为昔年梁太子昭明读书处。画

① [清]陈文述：《秣陵集》，南京出版社，2009年，第70页。

面的焦点为一座三层高的书阁。底层为基座,基座墙壁上有较大的花窗。二层绕有石栏杆。三层为书阁,环绕以平坐栏杆,柱间镶嵌有雕花槛窗,阁顶为单檐庑殿顶,内部置有书桌几案和鼓凳。书阁后侧有曲尺状的两层连廊,前方有数栋屋宇,入口是左前方的茅草顶木门,门两侧伸出篱笆墙围合成院。园内外种植有芭蕉、柳树、松树、梅花。

《珍珠浪涌》一图描绘的是珍珠河风景。珍珠河是潮沟与城北渠的一段,水道连通玄武湖、青溪、运渎,南朝陈后主曾在此泛舟游玩。[①]图中珍珠河两岸一派田园景色,河岸上有数栋屋宇,柳树成排,植被丰富,河中架有单洞石拱桥,远处可见起伏的山峦起伏,河中浪花翻滚,泛起涟漪,如同珍珠。

《甘露佳亭》一图所绘的甘露亭位于覆舟山(今九华山),南朝时曾因天降甘露而得名。图中前方为玄武湖湖面,后方为覆舟山。湖中矗立有一座六边重檐攒尖顶湖心亭,亭子立于水中的基座上,檐角挂有风铃,四周围合雕花栏杆,以一座平板折桥与岸边相通。水中有两叶扁舟与一艘画舫,岸边柳树与楼榭相间环绕水面,楼榭面向湖面出廊,花窗栏杆雕饰繁复。楼榭后面为妙香庵、曾国藩与沈葆桢的祠堂。

《商飙别馆》中所绘的商飙馆位于钟山西南,为南朝齐武帝所建,是一处游兴宴客之地。图5-81中较为清晰地描绘了商飙别馆的建筑格局与式样。别馆的入口位于画面正下部,入口为板门,两侧伸出八字墙。馆内共分为前后两进院落。第一进为

---

① 南京市地方志编纂委员会:《南京水利志》,海天出版社,1994年,第148页。

前院，院内较为空荡，右侧有一栋两层重檐歇山顶楼阁。主屋正对门厅，硬山屋顶，前面出廊，檐下露出雕花落地长窗。主屋两侧伸出曲尺形廊庑，廊后为主院。主院面积较大，两侧以廊庑围合，院后有书房。书房为硬山屋顶，前面开敞，可看到内部的屏风与桌椅。院中有条石铺设的甬道，院内一角建有一座六边重檐亭，檐角翘起并挂有饰件。别馆内外可见芭蕉、竹等。

明代金陵十景、十八景、二十景，明末清初“金陵四十景”，以及清代“金陵四十八景”的出现，表明明清时期南京园林名胜在数量、种类和质量上有了巨大的发展。

第三节 南京行宫园林

康熙、乾隆南巡江南，多次路过南京。康熙曾在康熙二十三年、二十八年、三十八年、四十二年、四十四年、四十六年共计六次南巡均路过南京。据《康熙起居注》记载，康熙一行于康熙二十三年十一月初一日首次南巡至江宁府，登雨花台，考察江宁城郭山川形势。初二前往明太祖陵拜谒，在殿前行三跪九叩之礼。初三至校场阅射。初四，出石城门，坐船至仪凤门外，驻跸燕子矶。[①]康熙二十八年二次南巡，于二月二十五日驻跸南京城内，二十六日拜谒明太祖陵，二十七日至校场阅骑射，驻跸江宁府行宫。二十九日巡察民风，至秦淮河。三月初一登御舟出南京，驻跸上元县朱家嘴。[②]康熙三十八年第三次南巡，四月初九驻跸句容城内。十三日拜谒明太祖陵，十六日出江宁府旱西门御舟驻跸燕子矶。康熙四十二年第四次南巡，三月二十六日驻跸江宁府城内。二十七日拜谒明太祖陵，二十八日出江宁坐船至金山寺。康熙四十四年第五次南巡，四月二十一日驻跸龙潭，二十二日入江宁府，二十六日阅射演武场，二十七日拜谒明太祖陵，再次驻跸龙潭行宫。[③]康熙四十六年第六次南巡，三月初三

---

① 中国第一历史档案馆：《康熙起居注》，中华书局，1984年，第1246—1248页。

② 中国第一历史档案馆：《康熙起居注》，中华书局，1984年，第1841—1845页。

③ 《清实录·圣祖仁皇帝实录》卷二百二十，中华书局，2008年影印本，第六册。

登陆并驻跸龙潭行宫，初五驻跸江宁府，初七视察演武场观阅骑射，初八拜谒明太祖陵，初九在演武场阅射，初十坐船离开江宁府，在燕子矶停留。初十一登陆，驻跸龙潭。[①]

乾隆于乾隆十六年、二十二年、二十七年、三十年、四十五年、四十九年分六次南巡。乾隆十六年首次南巡，三月二十三日至京口，驻跸龙潭行宫。二十四日入江宁府，驻跸江宁府行宫。二十五日至鸡鸣寺、清凉寺进香。二十六日，游览后湖、燕子矶并至永济寺进香。二十七日至灵谷寺进香，当日驻跸龙潭行宫。[②]乾隆第二次南巡，于三月十五日驻跸龙潭行宫。十六日、十七日驻跸栖霞行宫，至栖霞寺及各庵进香。十八日至燕子矶，在永济寺、关帝庙进香，入江宁府，在报恩寺进香，当日驻跸江宁府行宫。十九日至灵谷寺、鸡鸣寺、清凉寺、朝天宫进香。二十日至报恩寺、弘觉寺、幽栖寺进香。二十一日至栖霞寺进香，驻跸栖霞行宫。乾隆二十七年第三次南巡，三月二十二驻跸龙潭行宫，二十三日至栖霞寺、紫峰阁进香，驻跸栖霞行宫。二十四日与皇太后一起上至万松山房、观音殿、般若台、德云庵、幽居庵、天妃殿诸地。二十五日至紫峰阁进香，驻跸江宁府行宫。二十六日祭奠明太祖陵，与皇太后至灵谷寺、鸡鸣寺进香，再至校场阅兵。二十七日至清凉寺、朝天宫、报恩寺进香。二十八日停驿于方庄，至幽居庵进香，驻跸栖霞行宫。二十九日至栖霞寺进

① 《清实录·圣祖仁皇帝实录》卷二百二十九，中华书局，2008年影印本，第六册。

② 中国第一历史档案馆：《乾隆帝起居注》，广西师范大学出版社，2002年影印本，第十册，第60—66页。

香，渡江至金山江天寺。[1]第四次南巡，三月初三渡江驻跸龙潭行宫。初四、初五驻跸栖霞行宫，至慧居寺、栖霞寺、万松山房、德云庵、般若台、幽居庵进香。初六游幸紫峰阁，至燕子矶永济寺、嘉善寺进香，驻跸江宁府行宫。初七，乾隆拜祭明太祖陵，至灵谷寺进香。初八至校场阅兵，再至清凉寺、鸡鸣寺、朝天宫进香。初九至报恩寺、弘觉寺进香。初十至幽居庵进香，驻跸栖霞行宫。十一日至紫峰阁进香，渡江至金山寺进香，驻跸金山行宫。[2]乾隆四十五年第五次南巡，三月二十三日驻跸龙潭行宫。二十四日至慧居寺、栖霞寺进香，当晚驻跸栖霞行宫，二十五日至万松山房、德云庵、般若台、幽居庵参拜。二十六日至燕子矶永济寺参拜。二十七日参拜明太祖陵，并至灵谷寺进香，当晚驻跸江宁府行宫。二十八日教场阅兵，并至诣鸡鸣寺、清凉寺、朝天宫进香。二十九日至慈应寺进香，当日驻跸龙潭行宫。[3]乾隆四十九年第六次南巡，三月初五乘船至栖霞寺参拜，驻跸栖霞行宫。初六在幽居庵、最高峰进香。初七至观音山永济寺进香，驻跸江宁行宫。初八参拜报恩寺，初九参拜明太祖陵，在灵谷寺进香。初十在校场阅兵，参拜鸡鸣寺、朝天宫。十一日在般若台进香，驻跸栖霞行宫。十二日至宝华山慧居寺进香，驻跸龙潭行

---

① 中国第一历史档案馆:《乾隆帝起居注》，广西师范大学出版社，2002年影印本，第二十一册，第94—102页。

② 中国第一历史档案馆:《乾隆帝起居注》，广西师范大学出版社，2002年影印本，第二十四册，第110—125页。

③ 中国第一历史档案馆:《乾隆帝起居注》，广西师范大学出版社，2002年影印本，第三十册，第49—55页。

宫。[1]

从康熙、乾隆的行程看，其主要考察了南京的寺观和名胜古迹。乾隆在南京驻跸期间，兴造有两座行宫，分别为江宁行宫和栖霞行宫。江宁行宫为江宁织造府所在。《南巡盛典·卷一百》记载："江宁行宫地居会城之中，向为织造廨署。乾隆十六年，皇上恭奉慈宁巡行南服，大吏改建行殿数重，恭备临幸。窗楹楝宇，丹雘不施，树石一区，以供临憩。西偏即旧池重浚，周以长廊，通以略彴，俯槛临流，有合于'鱼跃鸢飞'之境。"又记载栖霞行宫："在中峰之左，与东峰相接。秀石嵯峨，茂林蒙密，白鹿泉潴其中。乾隆二十二年，翠华重幸，大吏恭建，以驻清跸。泉之下，鳞次而栉比者，曰春雨山房，曰太古堂，曰武夷一曲精庐。泉之上，岖嵚而历落者，曰话山亭，曰有凌云意。折旋而左，曲磴层栏，以达于寝殿，则白下卷阿、夕佳楼在焉。更上一层，则为石梁精舍。凡此嘉名，俱邀宸锡。虽屋瓦疏棂，不施绘藻，而阴阳高下，位置天然，几暇篇章，于此尤富云。"

---

① 中国第一历史档案馆：《乾隆帝起居注》，广西师范大学出版社，2002年影印本，第三十四册，第107—118页。

第四节　清代南京私家园林

清代南京的园林营造有了进一步发展，代表性的私园有芥子园、随园、愚园，以及可园、清缘园、五亩园、银杏园等。

康熙年间，戏剧家李渔(1611—1680，号笠翁)在中华门东、秦淮河南营造了芥子园，面积不及三亩却具备山水格局，植被丰富、空间幽深，内有月榭、栖云谷、浮白轩、来山阁等景点。[①]

随园原为江宁织造曹頫的故园，雍正年间曹家被抄家后，此园归隋赫德所有，取名“隋园”。乾隆年间，袁枚出任江宁县令，购得该园，大肆加以改造，作为自己的归隐之处。袁枚(1716—1797)，字子才，清代大文人、大诗人。袁枚在改筑过程中，充分利用自然地形地貌，随势造景，建筑物因山势随高就低，因此将该园改名为“随园”。袁枚自号“随园主人”，归隐后一直住在随园里直至去世。袁枚在此居住五十年，作《随园诗话》、《随园文选》、《随园二十四咏》等著述，聚友文会，随园而成一代名园。[②]

愚园又称为胡家花园，位于金陵城西南，始建于光绪元年(1875)。园主胡恩燮(1825—1888)，字熙宅，曾官至知府，在愚园内营建36景，愚园遂成为晚清金陵著名的私家园林。[③]

---

① 童寯：《童寯文集》第二卷，中国建筑工业出版社，2001年，第120—127页。

② 童寯：《童寯文集》第二卷，中国建筑工业出版社，2001年，第120—127页。

③ 金戈：《胡家花园的百年沧桑》，载《江苏地方志》，2012年第6期，第44—47页。

陈作霖的可园，内有养和轩、延清亭、寒香坞等景点。

乾隆年间邢昆的宅园清缘园，位于朝天宫，内有通幽阁、花雨楼、环碧轩等。

五亩园又称为五松园，为孙渊如所建，内有五株奇松，以及枕流轩、蔬香舍、啸台诸景。

银杏园为何晋庵的宅园，紧邻愚园，园内有白果树，树形极其高大。[①]

李纫秋的继园，园内有山水，以及绿净居、画舫斋、屏山阁、观鱼堂等建筑。

刘春池的半野园，内有青松白石山房、秋水堂。

汤贻汾的琴隐园，内有戏鸳池、渡鹤桥、凌云峰，十三峰、七贤峰等山水之景，配以梅树丛、紫藤、修竹等植被，建筑有古琴书屋、琴清月满轩、画梅楼、延绿山房、吟改斋、还读我书斋等。

蔡和甫的韬园，为中西结合风格。园内有环形车道，围合花坛。园内有剧场、花厅等供人游乐的建筑物，后有桃园，开小门可至青溪。

刘舒亭的别墅园又名来园，位于雨花台。园内面积广大，结合山水环境堆山造景，有山涧、池沼、卧波桥、水榭、又来堂、凌波仙馆、云起楼等景，水边多种垂柳和桃树。

乌龙潭颜鲁公祠南侧有薛卢。园内有藤香馆、吴砖书屋、夕好轩、小方壶亭、仰山亭等建筑物，内有池沼，中有水亭，岸边架设水榭，极为幽雅精致。

---

① 江苏省地方志编纂委员会：《江苏省志·风景园林志》，江苏古籍出版社，第118—119页。

熊敬修的朴园,位于清凉山下。园内以竹林、老梅为特色,景观幽雅。建筑物有四望亭、洗心亭、寻孔颜乐处亭、藏密斋、深造斋、学易室等。[①]

除此之外,根据《盋山志》记载,清代南京还有小卷阿、青峰草堂、余霞阁、有叟堂、心太平庵等;《白下琐言》中记载有宫园、怡园、小东园、晚香山庄、止园、玉京仙馆、湘园等;《金陵琐志九种》中记载有南冈草堂、塔影园、饮虹园、祁园、安园、霍甘园、石禅精舍、退园等私家园林。

① 南京市地方志编纂委员会:《南京园林志》,方志出版社,1997年,第95—103页。

第六章　民国时期的园林

第一节　民国时期的城市规划与建设

民国中央政府对南京的城市规划和景观风貌的建设比较重视。1928年在南京成立了国都设计技术办事处，主持编制了《首都计划》。该规划将南京城市分为六大区：中央政治区，市级行政区、商业区、工业区、文教区和居住区，其中，中央政治区和市级行政区承担政治与行政管理职能，是首都规划的重点。考虑到美观、军事、历史遗产保护等因素，并且参考了美国华盛顿规划的经验，《首都计划》中提出在明朝宫城以东、紫金山南麓建设新城作为中央政治区。中央政治区中广场与中央大道形成南北向的轴线。市级行政区选择在傅厚岗和五台山两处，主要是考虑到这两块地方交通方便、面积充足，而且地势较高，可以体现场所的政治性和威严庄重感（图6-1—图6-4）。

除了分区以外，该计划还包括道路系统规划。采用国际上流行的路网形式，将道路分为干道、次要道路、环城大道和林荫大道四类。其中环城大道希望利用南京古城墙，在城墙上行驶汽车，这样既可以避免交通堵塞，还可以使环城大道成为风景路。

《首都计划》是我国最早的正规城市规划文件之一，采用了欧美现代城市规划设计的基本理论和方法，根据该计划建造的

图6-1 民国时期《首都计划》中的《中央政治区界线图》

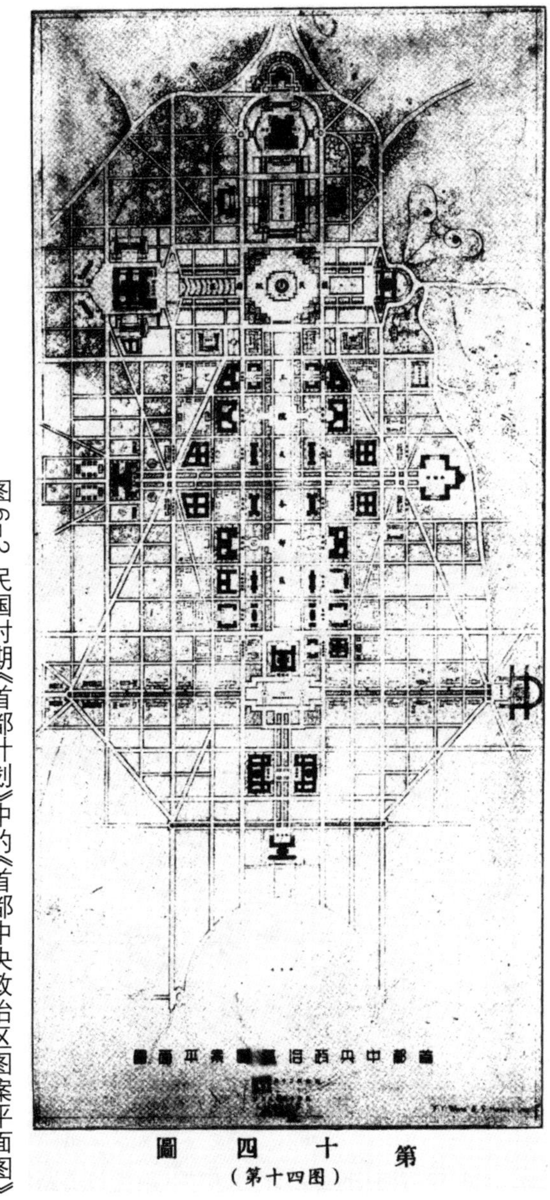

图6-2 民国时期《首都计划》中的《首都中央政治区图案平面图》

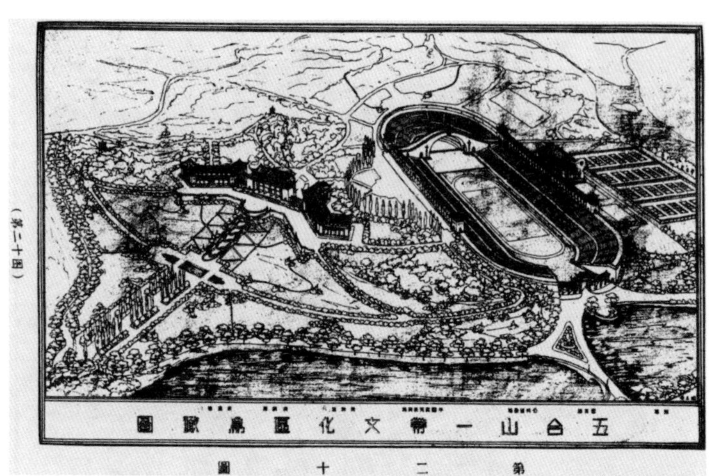

图6-3 民国时期《首都计划》中的《五台山一带文化区鸟瞰图》

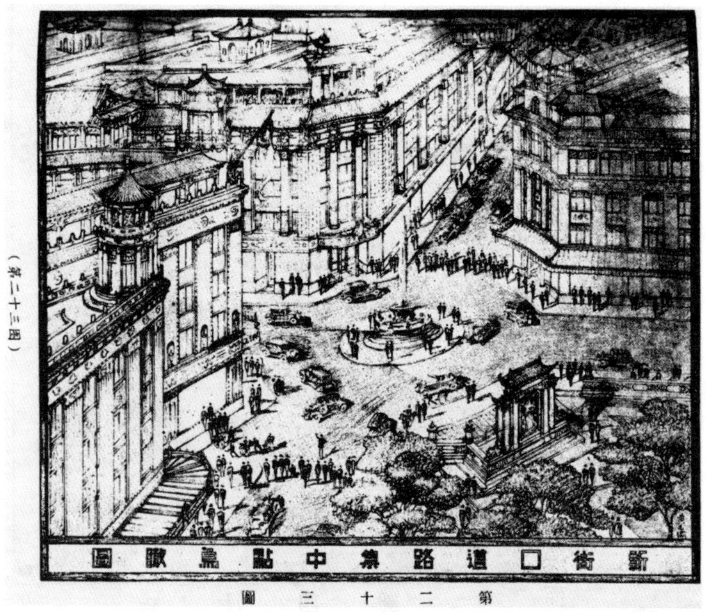

图6-4 民国时期《首都计划》中的《新街口道路集中点鸟瞰图》

道路和其他设施，基本奠定了近代以来南京城的格局。

定都南京后，国民政府办公区位于原来清代两江总督署，后改为总统府。主办公楼名为子超楼，位于建筑群中轴线端部。西花园即原来的熙园所在，东花园改为行政院（图6-5—图6-6）。

图6-5 民国时期西花园
（图片来源：《金陵古迹名胜影集》）

由于交通量增加和道路建设需要，仪凤门以南增辟海陵门，武定桥东开辟武定门，石城门以北开辟了汉中门。在中华门两侧各建了一座东门和西门，在神策门西侧开辟了中央门，城北开辟了新民门，城南开辟了雨花门。朝阳门更名为中山门，海陵门更名为挹江门，仪凤门改为兴中门，神策门改为和平门，丰润门改为玄武门，聚宝门改为中华门，正阳门改为光华门（图6-7）。新建了多条道路，形成新街口为核心的道路网络，在鼓楼、新街口、山西路布置环形广场。重新修建了下关火车站，扩展了南京

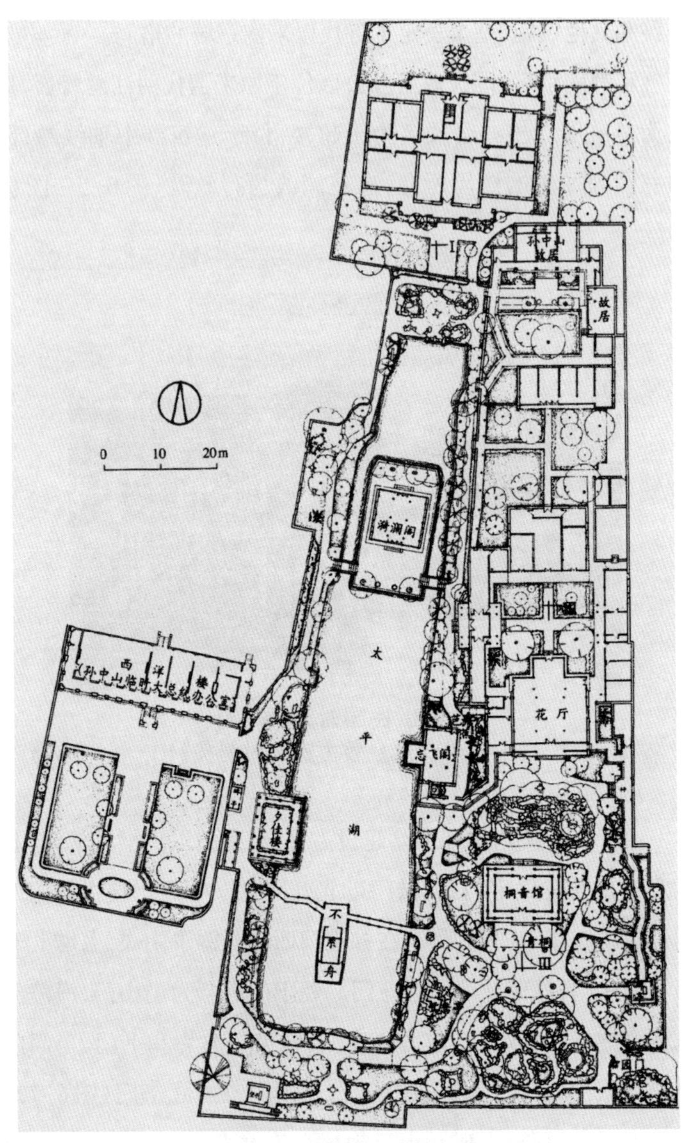

图6-6 煦园平面示意图
(图片来源:《江南理景艺术》)

港区范围,建成了下关中山码头。在明故宫故址上和光华门外七桥瓮南分别建设了明故宫机场和大校场机场。

图6-7 民国时期中山门鸟瞰
(图片来源:《金陵古迹名胜影集》)

第二节　民国时期《首都计划》中的公园与林荫道

城市公园和林荫道是近现代城市规划与建设的产物。民国十八年(1929)编制的《首都计划》,专门列有“公园及林荫大道”一节,其中指出:

公园之设置,关系于市民之健康与幸福者至大,盖市民于工作之余,不能无所娱乐。公园内空气清洁,花木繁多,复有美术之物品点缀其间,固足以恢复其疲劳之精神,增加其身心之快感,而提高其审美之性质者也。

…………

“现有之公园,似尚未能敷用,宜择地增筑,并辟林荫大道,以资联络,使各公园虽分布于各处,实无异合为一大公园,以便游客之赏玩。

…………

公园之游客愈多,而公园之效用乃愈著。顾愈使最多数之市民,易于到达公园,宜筑有林荫大道,以使各园连贯。”

《首都计划》指出了公园与林荫道的休闲、文化和环境卫生的功能,并提出了具体的规划方案。规划公园为第一公园、鼓楼北极阁一带公园、清凉山及五台山公园、朝天宫公园、新街口公园、雨花台、浦口公园、莫愁湖公园、五洲公园、中山陵园、下关公园。林荫大道主要沿着秦淮河两岸,和沿着城墙内边两条线路(图6-8—图6-10)。

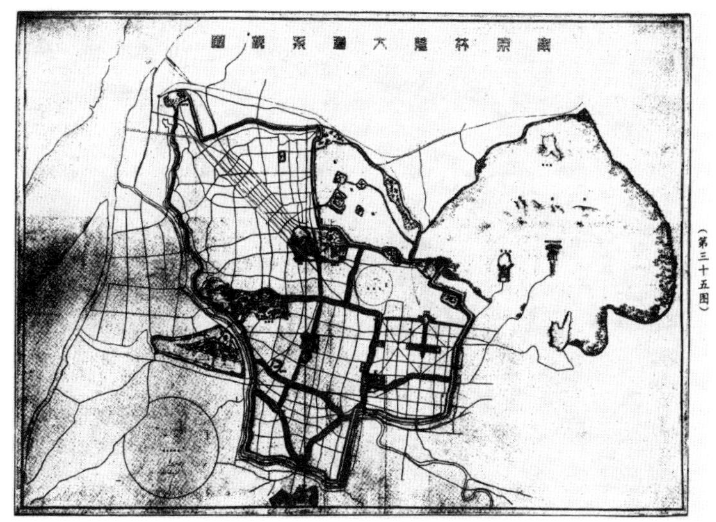

图6-8 民国时期《首都计划》中的《南京林荫大道系统图》

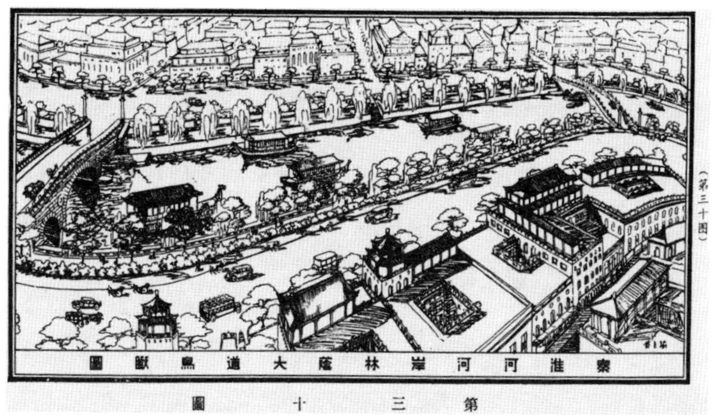

图6-9 民国时期《首都计划》中的《秦淮河河岸林荫大道鸟瞰图》

图6-10 民国时期《首都计划》中的
《围城林荫大道及城上大道鸟瞰图》

以迎接孙中山遗体奉安大典为契机，南京的中山北路、中山路、中山东路和陵园大道规划了国内最早的现代意义上的林荫大道，所选树种主要为法国梧桐.经过几十年的经营呵护，林荫道成为南京的景观象征和文化象征。

第三节　城市公园的建设

除了林荫道以外，民国时期南京出现了一些城市公园。这些公园发挥了游乐、休憩、交往、教化、净化空气等功能。比较著名的有玄武湖公园、秀山公园、白鹭洲公园。

玄武湖公园依托玄武湖建设。清晚期，两江总督曾国藩于1871年在梁洲修建湖心亭、大仙楼、赏荷厅和观音阁，徐绍桢建有陶公亭和湖山览胜楼。1927年国民政府定都南京，在湖神庙以东营造五洲公园，并设置公园管理处。1935年更名为玄武公园，成为南京最著名的公园，园内五洲分别命名为环洲、樱洲、梁洲、翠洲、菱洲（图6-11—图6-12）。[①]中华人民共和国成立后，人民政府重新疏浚玄武湖，整治花草树木，将其确定为大型文化休息公园。园内近年来增添了很多景点和休闲游憩设施，可以举办大型活动，成为南京城市文化的窗口。

二十世纪二十年代初期，城东清溪河复城桥东建有一座秀山公园。该公园本为纪念去世的江苏督军李纯（1867—1920，字秀山）而建，采用西式园林营造手法。园内部建有英威祠、荷心亭、紫藤榭等，辟有园池，中有喷泉（图6-13—图6-14）多用梧桐、白杨、雪松等珍贵树种，铺有进口草皮。公园建成后，因靠近公共体育场和秦淮河画舫终点，游人络绎不绝。1927年以后，秀山公园先后改名为血花公园、第一公园，英威祠改为国民革命纪

---

① 韩淑芳：《老南京》，中国文史出版社，2018年，第7页。

图6-11 民国时期玄武湖旧景
(图片来源:《金陵古迹名胜影集》)

图6-12 民国时期南京玄武湖公园览胜楼
(图片来源:《中华民国历史图片档案》第二卷)

图6-13 民国时期南京第一公园荷心亭
(图片来源:《中华民国历史图片档案》第二卷)

图6-14 民国时期南京第一公园喷水池
(图片来源:《中华民国历史图片档案》第二卷)

念堂。抗日战争时期,第一公园被毁。[①]

白鹭洲公园位于城东南徐太傅园(东园)原址。1924年,东园故址开设有义兴善堂,并修建有茶庐。同年在修葺园内鹫峰寺时发现李白的《登金陵凤凰台》石碑,茶庐遂取名为白鹭洲,并在园内增建了藕香居、烟雨轩、绿云斋、话雨亭、吟风阁等建筑。1929年,市政府收回产权,将此处建为白鹭洲公园,对外开放(图6-15—图6-16)。[②]

---

① 韩淑芳:《老南京》,中国文史出版社,2018年,第23页。

② 韩淑芳:《老南京》,中国文史出版社,2018年,第25页。

图6-15 民国时期白鹭洲公园旧景
(图片来源:《金陵古迹名胜影集》)

图6-16 民国时期白鹭洲公园建筑
(图片来源:《中华民国历史图片档案》第二卷)

第七章　南京皇家园林

第一节　华林园

华林园是魏晋南北朝时期南京最为著名的皇家园林。这一阶段国家分裂、社会动荡,但是南京皇家园林风格精巧豪华。

华林园位于城市中轴线的最北端,往南是宫城和御街。玄武湖是华林园及宫城用水的主要来源,对建康宫苑的形成具有重要的作用。玄武湖位于宫城以北,又名后湖、真武湖、昆明池,东吴孙皓开凿城北渠,引后湖水入新建的宫区。晋元帝时期修筑长堤控制水位,宋文帝时期筑北堤形成固定的湖面。湖南侧开凿水渠,引水入华林园天渊池,汇流宫殿四周的沟渠之水,最终排入护城河。

玄武湖水引入华林园,帝王在园内修建了天渊池、景阳山和通天观。华林园是典型的山水型皇家园林,天渊池和景阳山是构成华林园的山水主体。东晋时期,景阳山上建有景阳楼,并修筑有流杯渠作为曲水流觞活动用。南朝刘宋时期,继续保留原有的山水地貌,新开凿花萼池,堆砌景阳东岭,新建琴室、灵曜殿、芳香堂、日观台、光华殿、醴泉殿、朝日明月楼、竹林堂等建筑。梁武帝时期在园内建重云殿作为讲经和举行佛教盛会场所,并在景阳山上修建通天观以观测天象。陈后主时期为宠妃在光昭殿前修建临春、结绮、望仙三阁,阁高数丈,内有数十间房屋,阁内装饰多用檀香木,饰以金玉,阁下积石为山,以复道飞阁相连。

华林园是南朝皇帝游憩玩乐之处,南朝最后一位皇帝陈后主不理朝政,与张、龚、孔三妃居住于华林园三阁,日夜游宴作乐。隋军攻克建康台城,后主与妃嫔逃入景阳井,后被俘虏,南朝灭亡。

宋孝武帝曾在华林园扩建后与他人合作《华林清暑殿赋》,南朝各代皇帝常常在华林园宴请群臣并作赋。华林园聚会实际上发展成为以皇帝为中心的文人进行文学创作的一个平台。除了华林园以外,其他皇家宫苑也有类似功能。如齐武帝曾在芳林苑宴臣,王融在会上作《三月三日曲水诗序》。[①]

华林园的建设过程中,以刘宋元嘉年间的营建最为重要,其主要负责人为张永。张永(410—475),字景云,吴郡吴县(今江苏苏州)人,造园名家,且能书、善文、通音律、能骑射,曾任建康县令,后兼任负责宫室修建,元嘉二十三年开始受命负责华林园工程,基本奠定了华林园的自然山水式宫苑的总体风貌特点。[②]

---

① 罗建伦:《华林园宴饮赋诗考》,载《吉林师范大学学报》,2011年第2期,第21—25页。

② 胡运宏:《六朝第一皇家园林——华林园历史沿革考》,载《中国园林》,2013年第4期,第112—114页。

第二节　江宁行宫

宋代以来，官府在江南设有经营丝织业的机构。宋代在南京、杭州，元朝在南京、杭州、苏州均设置有织务。[①]明代承袭元制，设置了管理丝绸生产的机构织染局，负责的官员称为织造。[②]清初在今南京、苏州、杭州设置了江南三织造。江宁织造署建于清代顺治年间，织造局设置于织造署以东。江宁织造署后改为清朝皇帝南巡的行宫。

康熙、乾隆六巡江南，均至南京并驻跸行宫内。乾隆作有《江宁行宫八咏》，描绘了江宁行宫内建筑物的功能与概貌。

江宁行宫八咏

勤政堂

（序）前殿三楹，为咨政觐接之所，御苑山庄之以“勤政”题额者甚多，兹时巡莅止亦以是颜之，于展义尤协。

（诗）祖训由来勤政先，在宫时迈总应然。深居肯只构清咏，引见除官取众便。

① 彭泽益：《清代前期江南织造的研究》，载《历史研究》，1963年第4期，第91—116页。

② 刘盛：《康熙中晚期的江南三织造》，载《史学集刊》，1991年第4期，第53—58页。

鉴古斋

(序)在勤政堂后庭中,海棠四本,扶疏古致。憩息之余,睪然远念,不胜殷鉴之思焉。

(诗)事当鉴古亦其常,即境题斋敢不蘉。岂必六朝举往迹,近看明代此兴亡。

镜中亭

(序)斯亭峙水中央,南北接以曲折略彴,澄光漾影,宛在镜中行也。

(诗)渌水中亭号镜中,旃摩弗借照恒空。妍媸自取都无我,此是人间最大公。

彩虹桥

(序)镜中亭南北逦迤,双桥卧波饮练,不啻太白诗中画意。

(诗)曲折双桥接水亭,朱栏倒映绿波渟。试思何以彩虹号,闪影波翻无定形。

塔影楼

(序)池北有楼登眺,近远诸景在目。宋熙宁赐名普照,寺中铁塔岿然,影落窗牖间,因以名之。

(诗)拾级登楼纳远景,巍然塔影入楼窗。日空日色如何判,此际惟应万虑降。

听瀑轩

(序)庭下瀑水潺潺,跳珠溅雪,听之俨有天台之胜,正不妨即寓全提尔。

(诗)平池亦复有高低,溅石为声韵各携。此是八音繁会处，不齐中自有其齐。

绿净榭

（序）园东偏，虚榭三间，周匝琅玕，万个绿阴。入座，几榻生凉，渭川千亩，斯得其概。

（诗）密围敞榭令人远，暂坐翻因意与迟。最爱琅玕初过雨，云栖重拂露珠垂。

判春堂

（序）室前芍药欲开，古梅早谢，乘春时迈之，意固在彼不在此也。

（诗）庭梅结子药栏开，判断春风着意催。八景往年都顿置，七言促就跸将回。①

从《江宁行宫八咏》中可知，江宁行宫有勤政堂，面阔三楹，是处理政务、接见臣僚之所。勤政堂后面有花园，园内种植有四株海棠树，并建有鉴古斋。园内有池沼，镜中亭屹立于池中央，亭两端与彩虹桥相接。池北是一座塔影楼，可以望见远处普照寺的铁塔。靠近瀑布水口处是一座听瀑轩，此处可欣赏流水飞溅之声。园东有绿净榭，面阔三间。又有一座判春堂，堂前多种芍药和梅花树。

《南巡盛典》中有一幅木刻插图《江宁行宫》。图中未表现周围环境的特征，也未明确标注建筑名称，而是以平面、立面结合的方式描绘了行宫空间格局和建筑式样。图像显示，江宁行宫

---

① 段智钧：《古都南京》，清华大学出版社，2012年，第217—219页。

采取了典型的宫苑分置格局。宫区主要有三路，中路建筑依次为大宫门、二宫门、前殿、中殿、寝殿、照房，东路建筑主要为执事房，西路为朝房、便殿、寝殿，朝房西侧跨院内建有茶膳房。茶膳房以北、以西为休闲娱乐区域，包括三个功能区。紧靠茶膳房北侧的为看戏区，建有戏台和便殿。茶膳房西侧为演武区，内有箭亭。看戏区北为园林区，园内有大池沼，池中有亭，池岸以湖石砌筑，四周围合以廊庑，种植丰富的植被(图7-1)。

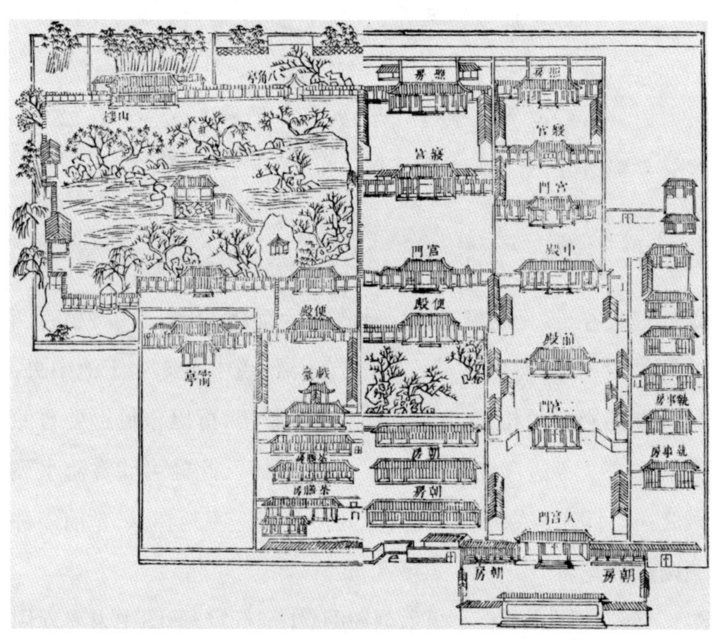

图7-1 [清]《南巡盛典·江宁行宫》

第三节 栖霞山寺与栖霞行宫

栖霞山是明清时期金陵四十景之一。栖霞山属于宁镇山脉一段，北临长江，山中多有药草，可以摄生，形如大伞，故又称摄山、伞山。栖霞山有三座山峰，中峰最高，两峰拱抱。《栖霞新志》中记载："……摄山属茅山的山脉，来自句容，到龙潭叫做宝华山，从宝华西行，伏脉地中约十五里，高一百三十二丈，突然拔地而起，卓立天外的，为凤翔峰，这是栖霞的主峰；自此分为三部：曲折向西南行，奇峰屡起，怪石嵯峨的，叫做中峰；中峰的东南，叫做东峰，东峰的形状，和卧龙一样，所以叫做龙山。中峰的西北，叫做西峰，西峰的形状，和伏虎一般，所以叫做虎山。龙虎二山，左右环抱，象山就在栖霞山的前面，形势天然……"[①]又记："栖霞在六朝以前，知道的很少，自从南齐处士明僧绍隐居江乘摄山，栖霞之名称始著。齐武帝永明七年，明僧绍舍宅为寺，延请法度禅师在寺内讲经，这是栖霞有庙宇的起点。僧绍之次子元琳，继承父志，凿无量寿佛，这是栖霞凿佛的起点。梁武帝大同二年，齐文惠太子和诸王等凿千佛岩，这是栖霞有千佛岩的起点。"[②]、"隋文帝仁寿元年，建舍利塔，这是栖霞有塔之始。"[③]、"清乾隆三十二年，高宗重幸，大吏在中峰的左面，建有行宫；有春雨山房，太古堂，武夷一曲，精庐，话山亭，有凌云意，白下卷阿，夕

① ［民国］陈邦贤：《栖霞新志》，商务印书馆，1934年，第14页。

② ［民国］陈邦贤：《栖霞新志》，商务印书馆，1934年，第1—2页。

③ ［民国］陈邦贤：《栖霞新志》，商务印书馆，1934年，第3页。

佳楼，石梁精舍诸名胜。"[①]

栖霞寺是清帝南巡金陵（今南京）时所巡幸的重要寺院。寺院最早建于南齐永明年间，明僧绍舍宅为寺，法度禅师在此建寺讲经。隋文帝时期在此建舍利塔。唐宋时期，多次重建寺院，宋景德五年，改为栖霞禅寺。[②]《钦定南巡盛典》（卷八十七）中记载："寺在中峰之麓，唐高宗制明征君碑，碑阴书'栖霞'二大字，因以名寺。左有舍利石塔，镌琢极工，隋文帝所建也。东通无量殿。一泉曰品水。殿东有阁翼然，曰紫峰。循中峰而上，有千佛岩，齐时随石势凿成千佛。旁一石曰纱帽峰，上赐名'玉冠'。其前平石曰明月台。自紫峰阁循涧而上，渡春雨桥，即白鹿泉。昔村民逐鹿至此得之，潴以为池，清泠可爱，中峰之脊曰石梁，旁有玲峰池。绝顶为最高峰。峰下迤西，矗石凌空，曰天开岩。北为幽居庵。稍南为霞心庵，为万松山房。其丽于西峰者，曰叠浪崖，曰德云庵，曰般若台、珍珠泉。台右层峦邃谷，云布星罗。乾隆二十二年，始恭建行宫……"[③]

《南巡盛典》卷一百中有插图《栖霞寺》，呈现了栖霞山、寺院和景点的整体景观。图中栖霞山背临长江，最高峰屹立中央，与东西两峰呈连绵之势。图中较为精确地描绘出山势走向、石峰植被、栖霞寺以及各处景点的位置与形态。栖霞寺山门位于中峰山麓，入山门可见牙池、唐碑、彩虹明镜、三会殿、舍利塔、无量殿等。寺后蹬道分别沿两侧山谷盘旋而上，向东可至白鹿泉、太

① [民国]陈邦贤：《栖霞新志》，商务印书馆，1934年，第29页。

② [清]葛寅亮：《金陵梵刹志》卷四，南京出版社，2011年。

③ [清]《钦定南巡盛典》卷八十七。

虚亭，向西可至德云庵、般若台、珍珠泉、挹珠庵、观音庵、叠浪岩、万松山房、幽居庵等(图7-2)。

图7-2 [清]《南巡盛典·栖霞寺》

栖霞行宫是乾隆巡幸栖霞山的驻跸处。从《南巡盛典》中的插图与文字记载可知，栖霞行宫位于玉冠峰一侧的山坡上，白鹿泉旁，山顶有畅观亭。行宫建筑依山势而布局，既有合院布局的规整性，又有随山势变化的灵活性。宫门前有春雨桥，入宫门一侧有三座跨院，分别建有武夷一曲精庐、太古堂和春雨山房，建筑背后的石崖中流淌着白鹿泉。白鹿泉上沿石阶可到达话山亭、有凌云意轩和石梁精舍。主体建筑区位于稍高的台层上，以廊庑围合成左、中、右三路回院。回院后廊庑沿石壁而上，可至较高处的夕佳楼。夕佳楼一侧廊庑与石梁精舍相接。山中多石，姿态万千，林木苍翠，尤以松树居多，石壁前种有竹丛(图7-3)。

图7-3 [清]《南巡盛典·栖霞行宫》

第八章　南京陵寝园林

第一节　明孝陵

明孝陵是明太祖朱元璋的陵墓，位于钟山独龙阜玩珠峰，依山而建，风水极佳，是明朝皇家陵墓园林中规模最大的一处。明孝陵始建于洪武十四年（1381），主体工程孝陵殿完成于洪武十六年（1383），全部工程最终完工于永乐三年（1405）。①

明孝陵总体格局分为两大部分，南面为神道区，北面为陵宫区（图8-1）。神道区自下马坊直到棂星门。下马坊位于孝陵的南端，为朱元璋的棺材出正阳门至孝陵安葬的必经之处，在此立石坊。坊面阔一间，两柱均为石造，柱高7.85米，柱间距4.94米，柱身雕刻云纹，柱子顶端额坊上刻有"诸司官员下马"六字，意思为所有去孝陵的文武官员在此必须下马下轿步行入内。坊东矗立着嘉靖十年（1531）所立的神烈山碑和崇祯十四年（1641）所立的禁约碑。坊西北为大金门。大金门面朝南，为孝陵的入口大门，造型为砖石结构券门，共有三洞拱门，大门为朱红色，门楼单檐歇山顶，屋顶覆盖黄色琉璃瓦。大金门东西有红墙相接，红墙长达45里，墙内为禁区。大金门以北70米处为神功圣德碑亭。该碑为明成祖朱棣所立，高6.7米，厚0.9米，碑上刻有朱棣所撰

① 苏则民：《南京城市规划史稿　古代篇·近代篇》，中国建筑工业出版社，2008年，第179页。

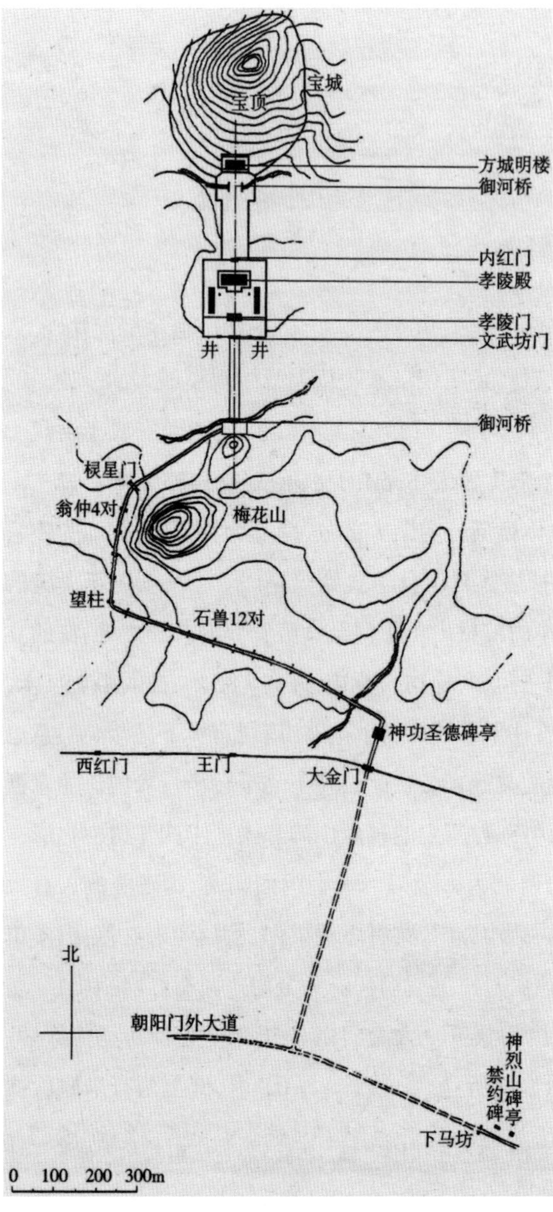

图8-1 明孝陵总平面图（图片来源：苏则民编著《南京城市规划史稿 古代篇·近代篇》第180页）

写的朱元璋生平事迹以及其子女的姓名，共2700余字，碑下有巨龟，碑顶有云龙纹雕刻。碑亭为四方形，四面各开一洞卷门，亭顶为重檐歇山黄色琉璃瓦。由于该碑亭顶部已毁，只剩四壁，故又称为四方城（图8-2—图8-3）。

图8-2 民国时期明孝陵大金门照片
（图片来源：《金陵古迹名胜影集》第55页）

图8-3 民国时期明孝陵四方城照片
（图片来源：《金陵古迹名胜影集》第57页）

碑亭向北为御河桥，桥下为霹雳沟之水。过桥为神道石刻。因北侧梅花山阻挡，故神道分为两段，一段为石兽段，方向西北，另一段为翁仲[1]，方向转北，直到棂星门。石兽段全长600余米，道路两侧布置有狮、獬豸、骆驼、象、麒麟、马六种，共12对石兽。每种石兽4只，两蹲两立。

翁仲段全长250米，在拐弯处设置望柱华表一对，高6.5米，柱身与柱基为六棱形，柱头为圆柱，雕刻云龙纹，柱身雕刻云纹。沿道路布置武将文臣石像各两对。武将身披盔甲，腰挎宝剑，造型威武，雕刻细腻精美。文臣头戴官帽，身穿官服，神情郑重。武将在前，文臣在后，前一对年轻无须，后一对年老有须，显示文臣地位高于武将，年长者地位高于年轻者。

神道尽头为金水桥，桥下涧水流自紫霞洞（图8-4）。北侧2百米处为陵门，即进入陵宫区。陵门又称为文武方门，单檐黄色琉璃瓦屋顶，原有五门洞，现只剩一门。门两侧接有围墙，环绕整个陵宫区（图8-5）。门内为陵道，直接通向享殿门殿。享殿即孝陵的主殿，规模巨大，九五开间，高达3米，原有三重殿陛，须弥座台基，前后各出踏跺三道，中央踏跺居中自上而下依次为"二龙戏珠"、"日照山河"和"天马行空"浮雕图案，规制仿照宫中正殿。享殿毁于太平天国时期，清末重修时改为小殿三间，两侧庑殿各十五间，殿中为朱元璋和其皇后画像（图8-6—图8-7）。享殿南侧的门殿在清代也被改建为碑殿，面阔三间，内置5块石碑，其中有康熙、乾隆所书碑文。享殿以北为内红门，门内有山涧横流而过，涧上架大石桥，又名升仙桥，长达57米。再往北为方城。

① 翁仲为陵墓前面及神道两侧的文武官员石像。

图8-4 明孝陵金水桥(作者摄)

图8-5 明孝陵文武方门(作者摄)

图8-6 明孝陵享殿基础(作者摄)

图8-7 明孝陵享殿台基(作者摄)

方城为明代建筑杰出代表，通高16.25米，东西长75米，南北长30.9米，城下为须弥座，城壁以大石块砌成，城中开辟有券门，入内为拱形斜坡隧道，自下而上有54级台阶。拾级而上，通过方城，迎面为十三层条石砌成的挡墙，墙后为宝顶。宝顶为圆形土堆，下为玄宫，是朱元璋和其皇后的埋葬处。方城上还建有砖砌的明楼，东西长39.25米，南北长18.4米，外壁红色，内壁黄色，南面开辟有三券门洞，东、西、北各开辟一券门洞，楼内青砖铺地，楼顶重檐飞角，覆盖黄色琉璃瓦，于咸丰三年（1853）被毁，只剩四壁（图8-8—图8-12）。

图8-8 民国时期明孝陵明楼方城照片
（图片来源：《金陵古迹名胜影集》第69页）

图8-9 明孝陵明楼方城正面(作者摄)

图8-10 明孝陵明楼方城墙基(作者摄)

图8-11 明孝陵明楼顶一(作者摄)

图8-12 明孝陵明楼顶二(作者摄)

第二节　中山陵

孙中山于1925年3月去世后，江苏省开始了建造中山陵园的准备工作，为此专门成立了葬事筹备处，负责征地等工作。1927年，葬事筹备处将紫金山划入陵园范围，并将省立第一造林场紫金山林区并入陵园区。葬事筹备处基于公开的原则，于1925年开始通过《申报》《民国日报》等媒体开始了中山陵园的图案征集工作。[①]招标工作共收到国内外40多个设计方案，最终，中国建筑师吕彦直的方案中标。[②]吕彦直（1894—1929），安徽滁县（今滁州市）人，曾在美国康奈尔大学建筑系深造，后担任美国建筑师、《首都计划》的主要制定者墨菲的助手，并跟随墨菲参与燕京大学和金陵大学的建筑设计工作。

中山陵园依托紫金山建造，位于紫金山南坡，1926年奠基，1929年建成祭堂、墓室。1929年6月1日孙中山灵柩安葬于中山陵（图8-13）。

中山陵总体布局上呈钟形，具有较强的警言、警示意味。空间格局采用了传统中国陵园的布局方法，即在南北轴线上依次展开牌楼、陵门、纪念碑、碑亭、祭堂、孙中山墓室。牌楼位于入口处，采用石质梁枋，表面镌刻纹样（图8-14）。牌楼后为墓道，

① 李恭忠：《建造中山陵：现代中国的工程政治》，载《南京社会科学》，2005年第6期，第40—44页。

② 刘先觉：《中山陵等民国建筑的特色》，载《档案与建设》，2008年第12期，第33—36页。

图8-13 民国时期中山陵园鸟瞰
(图片来源:《金陵古迹名胜影集》)

图8-14 中山陵牌楼正立面图(图片来源:《中山陵档案》)

墓道端头连接陵门。陵门宽三间，为钢筋混凝土结构，表面式样采用了中式传统建筑风格，有戗脊、走兽、斗拱等构造构件（图8-15）。[1]陵门后是碑亭，重檐歇山顶，风格与陵门相似（图8-16）。碑亭后是二百九十级台阶，分为八段，直达祭堂前平台。

图8-15 中山陵陵门立面图（图片来源：《中山陵档案》）

祭堂是中山陵最重要的建筑，屋顶式样为重檐歇山宝蓝色琉璃瓦顶，在祭堂四周辟出角室，以储藏纪念物品和供贵宾休息之用。祭堂主立面上显示为4个坚实的墩柱，在当时属于传统建筑样式的创新探索。祭堂前平台有华表和铜鼎等物，堂后为墓室，是安置孙中山遗体之处（图8-17—图8-18）。

① 马晓、周学鹰：《吕彦直的设计思想与中山陵建筑设计意匠》，载《南京社会科学》，2009年第6期，第81—86页。

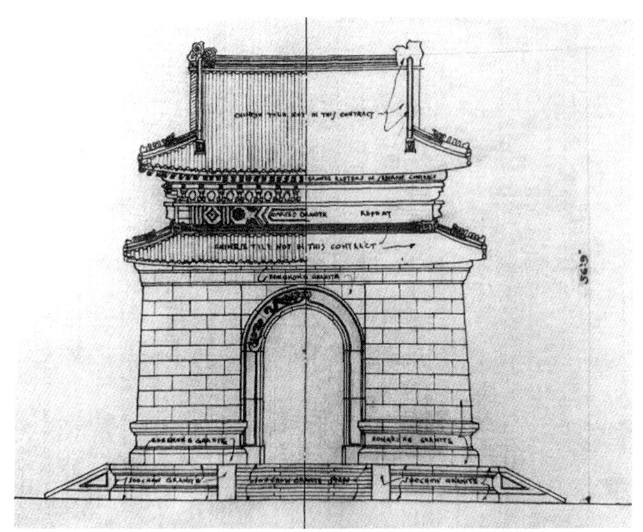

图8-16 中山陵碑亭立面图(图片来源:《中山陵档案》)

图8-17 孙中山先生墓正立面图(图片来源:《中山陵档案》)

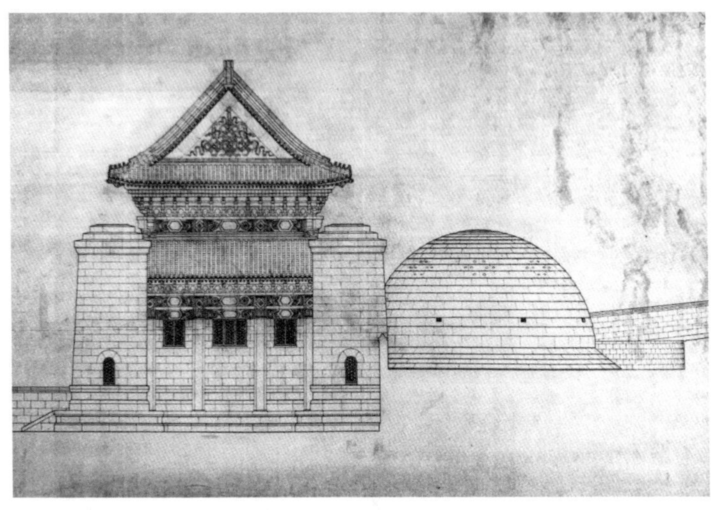

图8-18 孙中山先生陵墓及祭堂侧立面图
(图片来源:《中山陵档案》)

图8-19 民国时期的中山陵
(常盘大定、关野贞摄,图片来源:《中国文化史迹》)

第九章　南京私家园林

第一节　瞻园

位于大宫坊的瞻园是明代开国功臣徐达的王府园林。瞻园园名取自北宋诗句“瞻望玉堂，如在天上”之意，经过徐氏后人不断地经营，尤其是徐达七世孙太子太保徐鹏举筑山凿池，建亭台楼榭，形成规模。万历年间徐达九世孙魏国公徐维志再次大力营造，奠定基本格局。清朝顺治年间瞻园成为江南行省布政使署、江宁布政使署所在，一部分园林性质变更为衙署园林。[①]乾隆曾巡幸瞻园，并题匾额。

太平天国时期，瞻园先后为副丞相赖汉英衙署、幼西王萧有和王府所在。太平天国失败后，瞻园复作为江宁布政使署使用，并于同治六年(1867)再次修葺，增建房屋。此后多次修葺。民国时期，瞻园先后作为江苏省长公署、国民政府内政部以及特工机关所在。[②]

清代画家袁江擅长画楼台亭阁、苑囿名胜，作有一幅《瞻园图》卷。《瞻园图》卷为绢本上色卷轴画，画中瞻园以水景为中心，假山植被环抱，亭台楼阁错落其中。《瞻园图》卷描绘的为清代瞻

---

① 袁蓉：《从江南名园到皇家苑囿——瞻园和如园造园艺术初探》，载《东南文化》，2010年第4期，第115—120页。

② 韩淑芳：《老南京》，中国文史出版社，2018年，第24页。

园景色,与明代瞻园相比并没有大的改变,因此是关于瞻园的重要图像史料(图9-1)。

《瞻园图》卷所绘瞻园分为东西两部分。东部区主体为假山池沼。图中假山环绕池北和池西,据传为明代宣和年间遗物,由太湖石堆筑而成,有多处洞隧,峰峦叠嶂、谷壑纵深、千姿百态,为园林叠石精品。北侧假山山中有卷棚顶榭,山前有两座攒尖顶景亭,一座靠东,体量较小,下有较高的台基。另一座伸出驳岸,三面环水。山后是两层高的歇山顶楼阁,楼两侧伸出庑廊,西侧与厅堂相接。假山南侧为主水池。主水池东为贴水长廊,廊中有观鱼亭,为欣赏山水之景与喂鱼的佳处。北假山两侧架有朱栏平桥,桥下有泉涌。池西假山纵贯池西边缘,山势纵横,主峰高耸,峰顶种植有青松。一处坡顶有攒尖顶茅顶亭,亭旁种植松、梅,且与东岸亭廊形成对景。另一处坡顶较平,上面布置有六边形平桌和小凳。

主水池南边为大型厅堂,为西瞻园的主体厅堂。堂面阔三

图9-1 [清]袁江《瞻园图》卷

间,南北向,歇山顶,前后伸出卷棚顶抱厦,四面为落地长窗,窗外有围廊。堂北为临水月台,为观赏主水池与假山绝佳之处。

假山西侧是西部区,主要建筑是一座歇山卷棚顶三开间的主厅,四周出廊,内有屏风和案几,是园中会客议事之处。厅堂前面是平坦的院子,中间是一座矩形花台,内置太湖石峰,与厅堂屏风形成对景。堂后是水池,池北、池西有假山驳岸,堂后有小径沿池边而行。厅堂向西伸出游廊与一排侧屋相接。侧屋面向园林挑出半廊,廊前有长条形石台,置有花草盆景之物。

瞻园虽经清晚期两次重修,但均未达到原有效果。民国时期,政府机关以瞻园为办公场所,修缮无力。中华人民共和国成立后,政府开始大力修缮瞻园,并将太平天国历史博物馆迁入,明确瞻园应妥善保护,同时也应发挥供人们游览娱乐、接待外宾、宣传我国传统文化的作用。

修缮后的瞻园占地总面积15600平方米左右,主体可分为两大部分:东瞻园为建筑区,布局比较规整,西瞻园为园林区,通过筑山理水形成园林的总体骨架。东瞻园建筑区自南向北有多进院落。入口为第一进，前有照壁，两侧有耳房，檐高4.5米，檐下有斗拱。第二进为仪门，面阔五间24米，进深9米，为清代布政使下轿处。第三进为瞻园的正堂，面阔五间，进深29米，平面为工字形，硬山顶。正堂两侧各有一小型庭院。第四进为暖阁，面阔五间，进深13.5米，暖阁与正堂之间通过回廊相连。

西瞻园主体为假山池沼。假山共有三处，北假山、南假山和西假山。北假山为石山，明代宣和年间遗物，由太湖石堆筑而成，有七处洞隧，峰峦叠嶂、谷壑纵深、千姿百态，为明代园林叠石精品。北假山南侧为主水池，西北有普生泉，形成动静水景。主水池东为贴水长廊，廊中有观鱼亭，为欣赏山水之景与喂鱼的佳处。北假山与水池西岸之间架有曲桥，桥西端与西假山相接。西假山为土山，夹杂以石料，纵贯瞻园西边缘。西假山上建有岁寒亭，亭旁种植松竹梅，又称三友亭。岁寒亭以南为扇面亭，位于西假山最高处。两亭均与观鱼亭形成对景。主水池南边为静妙堂，又称止鉴堂，为西瞻园的主体厅堂。静妙堂面阔三间，南北向，前后有廊，硬山顶，室内为鸳鸯厅格局，南北立面为落地长窗，东西山墙开辟小窗，堂南为临水月台，堂北为大平台，为观赏主水池与北假山的佳处。

静妙堂南边为南假山与池沼。南假山为太湖石堆砌成的石山，山体高耸，形成危崖绝壁，山上有瀑布泻下，山下有石矶、步石，将池沼分割成不同面积的水面。瀑布、绝壁、步石形成的纵向垂直的景观，与静妙堂南月台隔水相对，形成绝妙的观景效果。

东瞻园西侧有以水院为东西瞻园连接过渡的空间，主体建筑为坐北面南的一览阁。一览阁面阔两间，歇山顶，两层高。阁南面为长条形不规则水池，湖石错落堆砌成驳岸，池南与东北岸边有爬山叠落游廊，与东西瞻园的园门相连。廊西有碑亭，四方形，重檐顶。水池东北廊尽头建有延晖亭，亭南面临水，平面八角形。

水院以南有一小院，院北有湖石筑山，山上建有翼然亭，平面四方形，攒尖顶，飞檐翘起，故名翼然亭。亭周围植被茂密，有丛竹、海棠、樱花、枫树等（图9-2—图9-11）。

图9-2 瞻园观鱼亭(作者摄)

图9-3 瞻园北假山(作者摄)

图9-4 瞻园主水池假山石桥与水边游廊(作者摄)

图9-5 瞻园西假山岁寒亭(作者摄)

图9-6 瞻园西假山扇亭(作者摄)

图9-7 瞻园南部水池游廊(作者摄)

图9-8 瞻园南水池假山绝壁(作者摄)

图9-9 瞻园延晖亭(作者摄)

图9-10 瞻园翼然亭(作者摄)

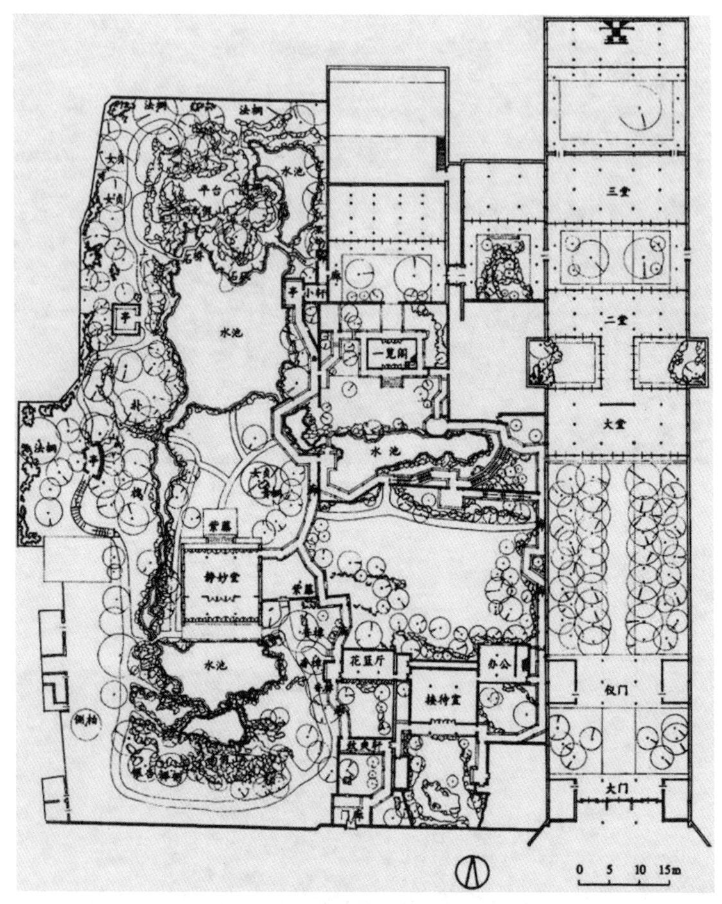

图9-11 瞻园平面示意图(图片来源:《江南理景艺术》)

第二节　随园

随园原为江宁织造曹氏的宅园，雍正年间曹家被抄家后，此园归隋赫德所有，取名“隋园”。乾隆年间，袁枚（1716—1798，字子才，清代大文人、大诗人）出任江宁县令，购得该园，大肆加以改造，把它作为自己的归隐之处。在改筑过程中，袁枚充分利用自然地形地貌，随势造景，建筑物因山势随高就低，因此将该园改名为“随园”。袁枚自号“随园主人”，归隐后一直住在随园里直至去世。麟庆所著的《鸿雪因缘图记》对随园有所描绘（图9-12）。

图9-12 [清]麟庆《鸿雪因缘图记·随园访胜》

随园东南到五台山永庆寺，东到红土桥，西南到乌龙潭，面积达上百亩。园中有南北两山，建筑主要集中在北山。园门面北，门外多种修竹，竹林中曲径通门。门内有四株梧桐，树下有三间东向的管家房。房西沿着篱笆下坡，登回廊上坡，进入园主的起居区。沿廊向西为一楼阁，名为诗世界，楼内藏有袁枚收集的大量诗稿。北为藤花廊，廊后为小仓山房。小仓山房是随园主厅，位于北山山巅，面阔三楹，坐北向南，朝向仓山，主要用于招待宾客、会友和宴乐。山房东侧偏房名为夏凉冬燠所，嵌玻璃

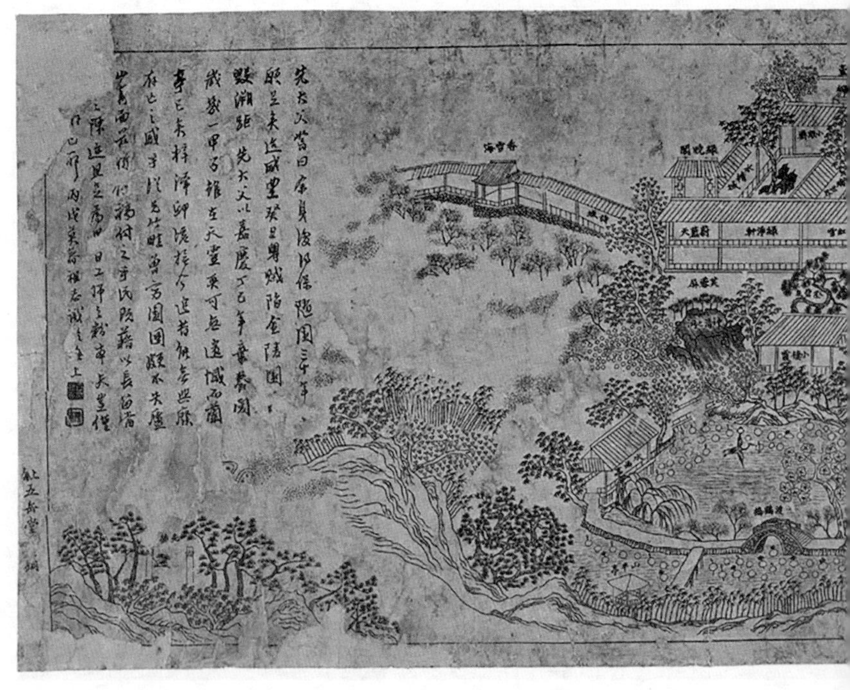

窗户,可观景挡风寒,室内置宣炉,冬季室内温暖如春,房外有株巨大的桂花树,遮阴效果极佳。小仓山房南侧有南台,可俯瞰园景,台上种有百年银杏树三株,树下结屋。南台台东有游廊,廊外种植牡丹、玉兰等,廊中有亭,名为群玉山头。小仓山房坡下建有绿晓阁,视野开阔,开窗可望见鸡鸣寺塔、台城、孝陵等名胜。小仓山房北侧为盘之中室。室西北为古柏奇峰轩,轩西为金石藏,收藏有各类奇石篆刻。轩南侧为环香处,遍植芍药。向西为小眠斋,斋前种有丹桂与芭蕉,环境清幽,是园主休息之

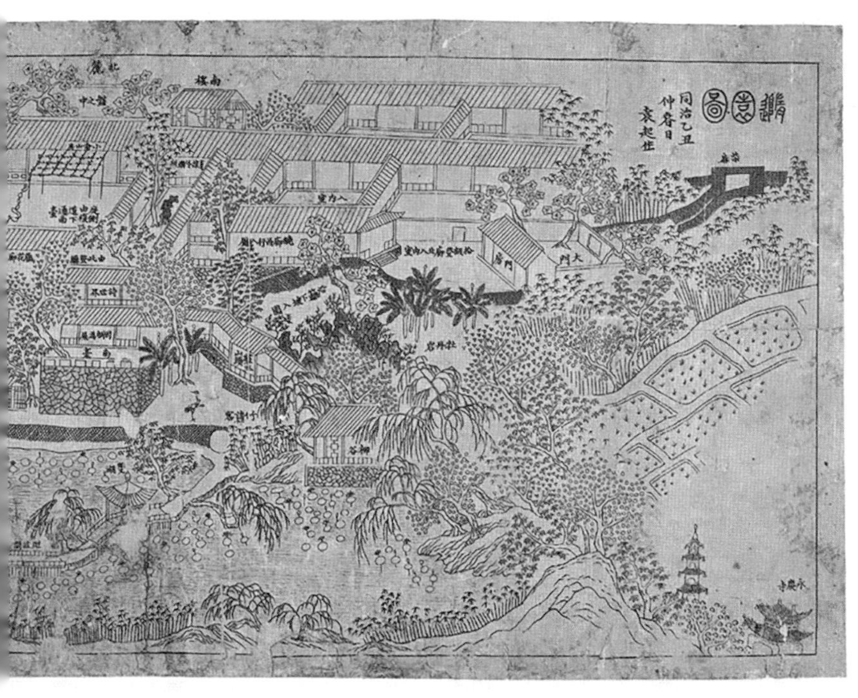

图9-13 [清]袁起《随园图》(南京博物院藏)

处。小眠斋南有曲径，通向水精域、蔚蓝天，两房窗户嵌白玻璃、蓝玻璃。斋西有长廊，名为诗城，廊壁上刻有大量的诗作。向西数百米，为香雪海，种梅花五百余株，梅林中建有一亭。绿晓阁以东为绿净轩，面阔两间，墙壁嵌绿色玻璃，轩内收藏图书印章，环境清静。轩北有曲室，装饰有五色玻璃，东侧有船轩，窗户嵌紫玻璃，轩外种植有海棠。轩北为藏书房，面阔三间，室内环列搁架，收藏有袁枚的藏书三十万卷。

水精域一侧沿北山山坡另建有三层楼阁，顶层阁为悠然见南山，中层为需雅阁，下层为小栖霞阁和判花轩，楼阁之间不直接连通。北山山下流淌溪涧，中间溪水汇成池沼，池中有桥，桥上有双湖亭。池沼北岸密植柳树，称为柳谷，坡上遍种牡丹。池岸建有三间水榭，池中多荷花，一条桃花堤将水面分成两部分，堤上有回波闸，堤南连接渡鹤桥和鸳鸯亭。

南山建筑疏朗，植被茂盛。坡上建有半山亭，有柏树结成的柏亭和松干结成的六松亭。山峰上建有草堂和天风阁，登阁可远望金陵胜景。[①]

文人园林往往会附带藏书楼、书房书斋、画室等处，这是文人进行文化活动的主要场所。如随园主人袁枚，其所营建的随园尽管比较豪华，有一定的世俗气，但是其在随园收藏了大量的诗文书籍、金石篆刻，自己在随园创作了大量的文学作品，随园成为其文化活动的主要场所。

---

① 汪菊渊：《中国古代园林史》，中国建筑工业出版社，2006年，第693—694页。

第三节　东园

东园是朱元璋赐予徐达的别业，靠近聚宝门，因徐达及其后裔出任过太傅，又称“太傅园”。明代王世贞（1526—1590）曾作有《游金陵诸园记》，描述了东园的景观。据该文记载，东园主入口为空旷的麦垄地，夹杂种植一些柳树、榆树。过园门和二门，向右可见心远堂，面宽三楹，堂前有月台，并置石峰，堂后有小池，池边有小蓬山，山中有洞壑，山上建有亭馆。山下有两株巨大的柏树，树干上段缠绕在一起，下面人可通行，称为“柏门”。过左侧墙，可见面阔五楹的一鉴堂，堂中间三楹置十余张座席，为园主会友休憩之处，两侧的边间为仆从的休息处。一鉴堂前开辟有大型池沼，池上架有朱红的折桥，桥头有亭矗立在水面上，桥另一边通向一鉴堂的边间，桥面平整，可凭栏休憩小饮。池后面为树林。池沼一端建有一座石砌的高大楼阁，造型有云中缥缈之感。另一端有溪涧通向横塘。

《东园图》是明代大画家文徵明所作。文徵明（1470—1559），号衡山居士，吴门画派的代表人物，擅长诗画，尤其擅长山水画，代表作有《风雨孤舟图》《石湖清胜图》《江南春图》《停云馆言别图》《灌木寒泉图》《拙政园三十一景图》等。文徵明用笔兼有粗笔、细笔技法，笔法灵动，善于造境造势，画风沉静雅致，尽得自然妙趣。《东园图》纵30.2厘米、横126.4厘米，横卷绢本设色，作于嘉靖九年（1530）。[①]画卷题首写有篆书“东园图”，画尾

① 杨新：《文徵明精品集》，人民美术出版社，1996年，第6页。

有款“嘉靖庚寅秋徵明制”，下钤“停云”“玉兰堂印”等印。

《东园图》中描绘了东园入口至池沼的主体园景。入口始于该图右侧，前方有一条溪涧，涧上跨有木质虹桥。桥后一条曲折的卵石小径穿越树林，直达入口，小径上有两位文士，正在向园内走去。入口前方置有巨大的太湖石，主屋面向卵石小径敞开，屋前空地上分别置有三座太湖石峰，石峰前种植有巨大的松树。主屋为歇山布瓦顶，前方朱栏围合，四周地面种植有花卉，屋内案几边坐有四人，旁边站立一位僮仆，屋外空地上另立有两位僮仆，其中一位手持朱红色托盘。可以推测此屋主要功能为会客。

主屋后是一座大池沼，池中置有太湖石，池边亦有太湖石与其他材质的石峰，石峰下有石矶，池边种植有密集的竹林，形成变化丰富的岸线。池边右侧有一栋两层高的水阁，紧靠主屋。岸边另有三座水榭，均为茅顶，一座紧靠两层水阁，另两座位于对岸，呈曲尺状，榭内坐有观赏水景之人（图9-14—图9-15）。

图9-14 [明]文徵明《东园图》(右)

图9-15 [明]文徵明《东园图》(左)

第四节　胡家花园

愚园又称为胡家花园，位于南京城西南，始建于光绪元年(1875)。园主胡恩燮(1825—1888)，字熙宅，曾官至知府，在愚园内营建36景，愚园遂成为晚清金陵城内著名的私家园林。[①]胡恩燮之子胡国光作有《白下愚园集》，其中有木版插图《愚园全

① 金戈：《胡家花园的百年沧桑》，载《江苏地方志》，2012年第6期，第44—47页。

图》,以鸟瞰视点全景式地表现了愚园的全貌。图版刻画细腻、刻法熟练,写实性强,是这座晚清金陵名园仅存的版画图像。

图中,整座园林分为内园和外园两大部分。内园位于图像右部,以建筑、植被、假山为主,靠近住宅区。住宅区位于图像右下部,为两进两路格局,建筑、院墙围合成小院。住宅区正堂为铭泽堂,雕梁画栋、格调高雅,为园主会客用。正堂后的建筑主要作为起居使用。

图9-16 [清]《白下愚园集·愚园全图》

内园紧靠住宅建筑,且以廊庑相连。园内中心为大假山,假山下挖有池沼,形成丰富的石峰、岸矶。假山北有春晖堂、分萌轩、池南有清远堂和水石居，通过游廊与住宅区建筑相连。其中清远堂南有平台，直面愚湖，北面直对假山池沼。假山西建有藏书楼。

外园位于内园之南，主体为愚湖。亭榭游廊均环湖而建。图中，湖中心有水榭，四面通透，面阔三楹歇山顶。愚湖西北岸临水处建有四方亭，南岸有建筑隔墙围合的两处小院。东南岸有两层高的小楼，楼旁巨松之下有四方平台和景亭。环湖架有三座不同样式的桥梁，有平桥、拱桥和折桥。湖西的山冈为全园最高点（图9-16—图9-19）。①

图9-17 修复后的愚园实景照片一（作者摄）

① 马建斌：《秦淮名胜宅园奇葩——南京“愚园”评介》，载《中国园林》，1996年第2期，第18—20页。

图9-18 修复后的愚园实景照片二(作者摄)

图9-19 修复后的愚园实景照片三(作者摄)

第十章　南京山水寺观名胜

第一节　钟山

钟山位于南京城东北，属于宁镇山脉的一部分。战国时期因金陵邑之名，被称为“金陵山”。秦汉时期开始称为“钟山”。汉末秣陵尉蒋子文在此遇难，被封为蒋侯，并在山中建庙，因此在东吴时期称“蒋山”。因山顶有紫色光彩，东晋时期开始称为“紫金山”。因山体位于城东北，又称为“北山”。明代因明孝陵建于山南，曾称为“神烈山”。[①]

钟山山势略呈弧形，东西长7千米，由三座山峰构成。主峰为北高峰，海拔448米，是钟山最高峰，也是宁镇山脉最高峰。[②]东南小茅山为钟山第二峰，西南天堡山为第三峰。南梁沈约作有《游钟山　应西阳王教》，南陈徐伯阳作有《游钟山开善寺》，表明至少在南朝时期，钟山已经成为南京城居民的游览之地。钟山名胜遗迹众多，尤以明孝陵、中山陵（见第八章）、灵谷寺最为著名。

天堡山玩珠峰，又名独龙阜。南朝梁天监十三年（514），梁武帝之女永定公主在此捐建宝公塔，翌年建开善寺。唐宋时期，

---

① 蒋赞初：《南京史话》上，南京出版社，1995年，第2—3页。

② 江苏省地质矿产局：《宁镇山脉地质志》，江苏科学技术出版社，1989年，第1页。

开善寺先后改为宝志禅院、开善道场、太平兴国寺、十方禅院。由南朝至宋代，钟山还建有大爱敬寺、明庆寺、云居寺、道林寺、雪峰庵等寺庵。

宋神宗熙宁年间，王安石将钟山的70多座寺院合并于太平兴国寺，规模大肆扩张。明初改为蒋山寺。明初为了营建孝陵，

朱元璋迁蒋山寺于钟山东南山麓，赐名为灵谷禅寺。[①]

明代葛寅亮（1570—1646，字水鉴，杭州人）所撰《金陵梵刹志》中，灵谷寺被列为“大刹”之列，与凤山天界寺、聚宝山报恩寺并列。其中的寺图呈现了灵谷寺与钟山的景观风貌。图中，灵谷寺位于图幅偏右部分的山坳之中，背倚钟山，四周多松林，寺

图10-1 ［明］葛寅亮《金陵梵刹志·灵谷寺》

① 邢定康、邹尚：《南京历代佛寺》，南京出版社，2018年，第68页。

旁有梅花坞。山门开一门洞，门上写有“第一禅林”四字，两侧八字墙，门后为假山和半月形放生池。池后建筑分为三路。中路中轴线上依次为金刚殿、天王殿、无量殿、五方殿基、法堂、供众律堂，四周廊庑围合形成前后两进院落。供众律堂后为宝公塔。金刚殿开有三门洞，两侧伸出八字形影壁，与隔墙相接，两边分别开有一座便门。供众律堂东侧有法台基，台前为琵琶街，台后为曲折萦绕的水渠，渠内为八功德水。供众律堂旁为方丈室，又称为“青林堂”，另有禅堂、库司、公塾。寺院外以院墙围合。中轴线上的殿宇形制规格最高，屋顶为歇山顶，正脊两端有明显的翘起吻兽，其中无量殿为重檐顶，其他均为单檐顶。宝公塔为六面塔，砖石构造，各面均有小佛龛。东西两路可见山涧从水洞中流出(图10-1)。[①]

明末金陵四十景中，钟山、灵谷寺在其中占有两景，分别为“钟阜晴云”和“灵谷深松”(见第四章第二节)。乾隆南巡，至灵谷寺拈香，为该寺题匾和楹联。太平天国时期灵谷寺被毁，仅剩无量殿。无量殿原为供奉无量佛的佛殿，高22米，宽约54米，进深37.85米，全殿不施梁木，以砖砌券，又称为“无梁殿”。同治年间，曾国藩在寺址东部建龙神殿。民国时期，政府先后在原寺址建北伐阵亡将士公墓和北伐阵亡将士纪念塔(简称灵谷塔)。灵谷塔为九层八面造型，无梁殿则改为祭堂(图10-2—图10-4)。

① [明]葛寅亮:《金陵梵刹志》，南京出版社，2011年，第93页。

图10-2　清末宣统年间的灵谷寺
(图片来源:《老南京记忆故都旧影》)

图10-3 民国时期灵谷寺旧景
(图片来源:《金陵古迹名胜影集》)

图10-4 民国时期所建灵谷塔
(图片来源:《金陵古迹名胜影集》)

第二节 幕府山

幕府山位于观音门外，濒临长江，位置险要，江北即为广陵（今扬州）。幕府山是观音山的支脉，呈东北—西南走向，西起老虎山，东至燕子矶，最高峰为偏南的北崮山，海拔204米。北侧有两峰，夹涧相峙，称为夹骡峰，或夹箩峰、翠箩峰。夹箩峰与燕子矶之间的山脉，称为直渎山或者严山。

幕府山自古为兵家必争之地。早在三国时期，魏文帝曹丕于黄初三年（222）领兵南下，意图攻取建康。东吴名将徐盛在此山设伏，使曹丕临江不敢渡。刘宋元嘉二十七年（450），北魏太武帝意欲渡江南攻，文帝刘义隆在幕府山率军迎战，迫其退兵。萧梁太平元年（556），北齐高洋率军占据幕府山，梁大将陈霸先率军击退北齐军，翌年取代梁敬帝，建立陈。[①]幕府山还是佛教圣地。梁武帝时，达摩祖师来中华传法，欲在此渡江北去，歇息于达摩洞中，后从夹箩峰下折芦渡江而去。达摩最终至河南嵩山，另创宗派，被后世奉为禅宗始祖。

达摩洞实际为幕府山的一处溶洞。除了此洞以外，还有多处溶洞，多集中于东北角的严山。清人为其中十二洞取名，分别为：仙源、头台、鳌鱼、中台、石床、莲台、水帘、三台、天台、玉笋、达摩、猴儿，称为“严山十二洞”。遗存洞穴多为供奉观音菩萨的场所（图10-5）。[②]

---

① 濮小南：《六朝胜迹幕府山》，载《南京史志》，1998年第4期，第32页。

② 邢定康、邹尚：《南京历代佛寺》，南京出版社，2018年，第167页。

燕子矶是一块巨大石矶，绝崖峭立，自江中看形如飞燕，故名燕子矶（图10–6）。燕子矶下临江处建有一处著名的寺院——弘济寺。弘济寺原为观音阁，始建于明洪武初年。明宣德十年

图10–5 民国时期幕府山三台洞旧景
（图片来源：《金陵古迹名胜影集》）

图10–6 民国时期幕府山燕子矶旧景
（图片来源：《金陵古迹名胜影集》）

(1435)殿宇倾颓，正统元年(1436)就阁建寺，名为“弘济殿阁”。明万历年间改为弘济寺。因观音阁立于岩上，此山被称为“观音山”，通向燕子矶的城门称作“观音门”。[①]

葛寅亮在《金陵梵刹志》中收录有嘉靖年间礼部侍郎吕柟所撰《弘济寺碑记略》和《游弘济寺纪略》，记载了这段历史和当时的景观风貌。

弘济寺碑记略

[明]礼部侍郎 吕柟

弘济寺在金陵寒桥之观音岩北，去都城一舍许。岩洞幽深，山水萦回，嚣尘远隔，仿佛乎南海之普陀岩。凡官民趋于国事，商旅务于经营，舟楫往来，或遇风涛险阻，以诚祷之者，皆获平顺，应如影响。洪武初年，有僧号久远，道行圆融，立阁于兹，遂名观音岩。后为归并寺宇，本僧于右顺门奏，奉太祖高皇帝圣旨：“观音岩与那老和尚住。钦此。”由是，沙弥云集，香火滋盛。时宣德乙卯，金像剥落，殿宇倾颓，乃劝于众。乐善好施者，闻风而来。择正统元年闰六月十八日肇始，建佛殿、大悲阁、天王殿、金刚、山门、僧舍、廊庑，丹彩相映。若墙垣阶砌之坚完，廪库庖湢之工致，规模胜旧，鼎建一新。不逾年而讫，具以上闻，圣恩敕赐额曰

① 邢定康、邹尚：《南京历代佛寺》，南京出版社，2018年，第107—108页。

弘济。时正统丁巳四月之十一日。”[1]

游弘济寺记略

[明]礼部侍郎 吕柟

己丑二月，虚斋王子崇邀弘斋陆伯载及予同游燕子矶。是日，予独先往，北出观音门，傍山西行，登弘济寺，磴数十层，寺西则观音岩也。怪石礌垂，苍黛参差，上接云霄。而大江自龙江关西南来，直过其下，俯案墙，睇之可骇。僧曰："此其下基皆石甃。"乃从僧上观音阁，阁亦傍岩，下就江唇筑基，上交竖九柱，皆丹。柱上棚栈构阁，阁三面皆栏杆，凭之瞰江，若在楼船顶立也。是时，晴见万里，日映碧流，江豚吹浪上下。西望定山如蛾眉，东指瓜步如丘垤，他山皆闪闪冥冥，如落雁蹲鸿，不可辨矣。昔予在解州，尝游龙门，眺砥柱，登流丹亭，汲河烹茶，以吊禹坟。至此乃勃然兴怀，将天下奇观，尚有过斯二者乎？阁东崖，有白岩乔公篆书刻石上。而虚斋、弘斋皆至，乃复同升阁上，流览叹赏。虚斋乃招二篙师，泛舟往。至观音港，登寿亭侯庙。先至水云亭，遂上谒寿亭侯。左有大观亭，至此看江，日隐断云，烟雾霏微，苍茫无际矣。遂攀松扪萝，以上燕子矶。矶皆巉石叠起，水围三面。其石罅犹见江转矶底，可以高览八极也。[2]

① [明]葛寅亮:《金陵梵刹志》，南京出版社，2011年，第471页。
② [明]葛寅亮:《金陵梵刹志·中》，南京出版社，2011年，第472页。

葛寅亮所撰《金陵梵刹志》中有《弘济寺》一图，详细描绘了明代弘济寺的建筑环境景观风貌。在该图中，寺院建筑位于临江的平台上，背后为幕府山石壁。入口位于该图中部，山门为单檐歇山顶，两侧伸出八字墙，入内两侧为钟楼和鼓楼。拾级而上，依次为天王殿、祖师殿、大佛殿、观音阁，大佛殿后为地藏石洞。山门左侧另有藏经阁、廊房、禅房等。除了大佛殿和观音阁为重檐歇山顶外，其他建筑均为单檐顶。建筑格局受到独特的

基地形状影响，除了山门与天王殿外，其他殿宇均为背山面江横向配置，与常规的寺院布局形制有所不同。背后的幕府山植被苍郁，沿山岭有蜿蜒曲行的城墙，两山之间可见观音门。图像左侧，有燕子矶突出江岸，矶上建有俯江亭，通过爬山廊与大路相接（图10-7）。

幕府山、燕子矶、达摩洞与弘济寺在晚明时期被列入朱之蕃的“金陵四十景”之列，占据其中四景，称为“弘济江流”、“燕矶晓

图10-7 [明]葛寅亮《金陵梵刹志·弘济寺》

望”、“幕府仙台”和“达摩灵洞”(见本书第四章第二节)。

金陵是康熙南巡行程中重要的一站。清初著名画家王翚(1632—1717)等绘制了《康熙南巡图》共计十二卷,其中第十一卷描绘了康熙第二次南巡(康熙二十八年,1689)从浙江北返归途中途经的金陵风景名胜,包括雨花台、报恩寺、水西门、旱西门、石头城、燕子矶等名胜景点。[①]

《康熙南巡图》第十一卷中,幕府山、燕子矶一段得到非常清晰的视觉呈现,作者从右向左依次勾勒弘济寺、山道、观音门、关帝庙、燕子矶、江面。图中幕府山山石纵横,植被丛生。山中弘济寺背倚石崖而建,寺墙呈红色,主殿为重檐歇山顶。寺门正对水面,入口蹬道开在寺门左侧,路边有十数栋房屋。寺门右前方北为石崖遮挡,石崖前有一栋小佛殿建于基柱上。此图描绘的

① 李理、杨洋:《写照盛世 描绘风情——〈康熙南巡图〉及沈阳故宫珍藏的第十一卷稿本》,载《中国书画》,2011年第6期,第1—7页。

时间恰为江水退潮时，不仅该建筑的基柱完全暴露出来，岸边还呈现出沙洲和大量的芦苇。

观音门位于弘济寺左侧，因为受到两侧山崖遮挡，仅露出半个城门，且城门上方的城墙垛口明显有损毁。观音门前方的道路有南来北往的商旅、小贩，道路向江边延伸，通向一座单孔石拱桥，过石桥有两排房屋，屋后巨大的石崖即燕子矶。燕子矶矗立于江上，石壁纹理纵横，石缝间植被生长，石崖顶建有一栋重檐六方亭，亭子周围有数株松树。登亭的蹬道绕行于石间，蹬道入口处有关帝庙。关帝庙建于石砌高台上，重檐歇山顶，面阔进深均三间，脊端螭吻明显。燕子矶下长江波涛滚滚，远处靠近江岸的地方沙洲毕现，岸石散乱，有一些零散的房屋(图10-8)。

清代，寺名因避乾隆帝“弘历”之讳，改称永济寺。乾隆南巡

图10-8 [清]王翚等绘《康熙南巡图》第11卷中的幕府山与永济寺

途经南京，数次游历燕子矶和永济寺，御书匾额“德水香林”、“江天净界”和楹联“吴楚江山通广望，华严楼阁总悬居”[①]。

两江总督高晋等人编纂的《南巡盛典》中有插图《燕子矶》，亦反映了乾隆时期燕子矶附近的风景特色（图10–9）。

图10–9 ［清］《南巡盛典·燕子矶》

清末金陵四十八景中，幕府山、燕子矶占据了其中的五景，分别为“达摩古洞”“燕矶夕照”“化龙丽地”“永济江流”“幕府登高”。其中“化龙丽地”为清末新出现的名胜图像（见第五章第二节）。

---

① 邢定康、邹尚：《南京历代佛寺》，南京出版社，2018年，第109页。

第三节　清凉山

清凉山原称为石头山，原本临大江，具有重要的军事价值，三国时期东吴在此设置军事要塞石头城。唐中和四年(884)，山中建有先才寺。杨吴顺义元年(921)，徐温将先才寺改为兴教寺。南唐时期，南唐君主在山中建避暑山庄，并将兴教寺改为石头清凉禅寺，恭请法眼宗创始人文益(净慧禅师)于寺院传法，清凉寺也成为法眼宗祖庭，石头山遂改称为清凉山。此时长江岸线西移，清凉山逐渐失去军事功能，避暑休闲和礼佛的功能较为突出。

明初清凉山收录入《洪武京城图志》中的“山川”门。《金陵梵刹志》中对清凉山清凉寺的记载如下：“在都城西清江门内，中城地。南去所统天界寺十二里。古清凉山。吴顺义中，徐温建为兴教寺。南唐改石头清凉大道场。宋太平兴国五年，改清凉广惠禅寺。后数废。国初洪武间，周王重建，改额清凉陟寺。左胁而上，为清凉台。山不甚高，而都城宫阙、仓廪历历可数，俯视大江，如环映带。台基平旷，原系南唐翠微亭旧址。今亦有亭，可登览。所领小刹，曰伽蓝庵。”[①]该志书中附有《清凉寺》一图，清晰地描写了明代清凉山寺的建筑布局、风格与环境特征。图中寺院建筑处于清凉山环抱之中，山下有乌龙潭、灵应观，隔山陇可见虎踞关，图中左部为长江，绕山而行，沿山麓为石头城城墙，墙中开清江门。山门即金刚殿，开三门，入内两侧有钟楼和鼓

① ［明］葛寅亮：《金陵梵刹志》，南京出版社，2011年，第368页。

楼。沿轴线而上，依次为天王殿、佛殿、法堂、方丈，旁边有禅房。山顶较平，建有清凉台。寺院周围山路萦绕，环境清幽，登山可见滚滚长江，景致极佳。图像右上角有题跋“此原不在大寺列因景胜故特图之”，表明明代清凉寺尽管等级不高，但是景胜优美，因此配图（图10-10）。

晚明时期，石头城、清凉山、清凉寺被列入金陵四十景中，占其中的两景：“石城霁雪”和“清凉环翠”（图4-14、图4-38）。清

代“金陵四十八景”中，占其中的“石城霁雪”和“清凉问佛”两景（图5-50、图5-57）。清凉山也是康熙和乾隆南巡造访之地，此景被收录入《康熙南巡图》和《南巡盛典》中的“名胜”篇。

《康熙南巡图》十一卷中，沿河道向左，可至清凉门与石头城。清凉门是旱西门北侧的城门，图中城墙上方有一座小楼阁，造型较为简朴。后方城楼较为高大，单檐歇山顶，表明清凉门也设置有瓮城。门洞附近商铺和歇脚的建筑较多，拴有马匹和骆

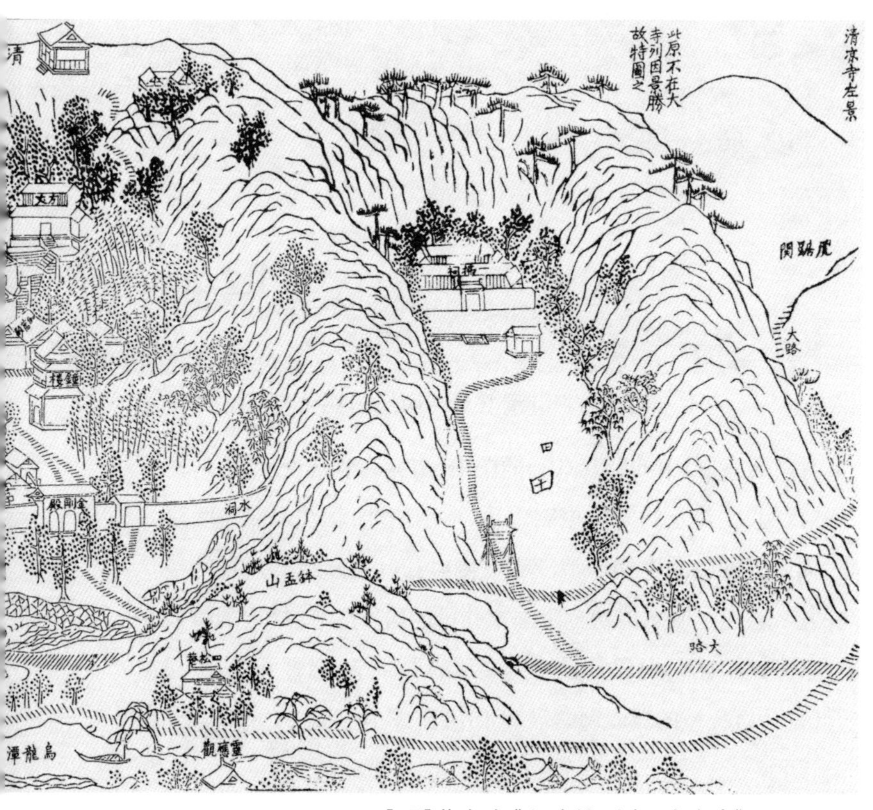

图10-10 [明]葛寅亮《金陵梵刹志·清凉寺》

驼，前方不远处为河岸，开辟有水码头。清凉门左侧为清凉山，城墙环绕山体而建，依山面水，是为石头城。石头城向左建筑逐渐稀疏，一派滨江原野风光(图10-11)。

图10-11 [清]《康熙南巡图》中的清凉山石头城

《南巡盛典》中的《清凉山》插图中，清凉寺建筑恢宏，山门开三券拱门，主建筑均为重檐歇山顶，形制庄严，轴线末端为两层高、面阔五间的藏书楼。清凉寺左侧有扫叶楼建筑群。扫叶楼高两层，曾经是明末清初金陵画家龚贤的居所。寺、楼周围植被丰富，环境清幽。山顶是重檐攒尖顶的翠微亭，视野开阔，可观赏江景。石头城的城墙蜿蜒盘旋于山腰(图10-12)。

图 10-12 [清]《南巡盛典·清凉山》

第四节　玄武湖

玄武湖位于钟山山麓西侧，玄武门、太平门之外，古代称为桑泊，又名蒋陵湖、练湖、后湖[①]、北湖、秣陵湖、昆明池、元武湖、真武湖等。湖水原与长江水相通，唐朝之后，因沙洲淤积、水流迁徙、岸线变更，玄武湖与长江通道淤塞，最终改为与金川河与南十里长沟相通。[②]

玄武湖自古为游乐之地。东吴时期吴后主曾开渠引玄武湖水流入宫城，晋元帝时期在湖四周修筑长堤控制水位。南朝时期湖名改为“玄武”。宋文帝时期筑北堤形成固定的湖面，湖中建亭台四所，宋武帝在湖中大岛梁洲上建览胜楼以观赏钟山与湖景。南齐武帝常在此湖训练水军，湖侧开凿水渠，引水入华林园天渊池，汇流宫殿四周的沟渠之水，最终排入城南护城河。玄武湖南侧为覆舟山，曾名真武山，乐游苑、干露亭、真武观皆建于此山。北宋时期，经江宁府尹王安石奏请，将玄武湖填平变成耕田。元朝时期，重新疏浚玄武湖，湖面有所恢复。明朝初年，玄武湖梁洲、环洲和樱洲建册库，作为朝廷皇册存放地，玄武湖成为大内禁地。清朝初期，玄武湖成为公共游园地，康熙、乾隆下江南时均到此游览。清晚期，两江总督曾国藩于1871年在梁洲修建湖心亭、大仙楼、赏荷厅和观音阁，徐绍桢建有陶公亭和湖

---

① 钟山以南原有燕雀湖，称为前湖。故玄武湖又称为后湖。

② 南京市地方志编纂委员会：《南京水利志》，海天出版社，第150—151页。

山览胜楼。

玄武湖不仅是游乐休闲之地，历史上还曾作为水军训练的场所。建康城西北有长江天险，且江南之地多河流湖泊，故东吴、东晋和南朝均重视水军的建设。玄武湖是建康宫城和华林园以北的天然湖泊，也是训练水军的场所。宋孝武帝在大明五年（461）和大明七年（463）在湖上大阅水军，齐武帝、陈宣帝也在此训练、观阅水军操练。

玄武湖南有覆舟山、鸡笼山。鸡笼山因山势浑圆、形似鸡笼而得名。最早东吴在此建有栖玄寺，南朝时期梁武帝在此建同泰寺。鸡鸣寺坐落于鸡笼山上。关于鸡鸣寺的历史与建制，葛寅亮在《金陵梵刹志》中记载："在都城内，北城地。南去所统天界寺十三里。金吾后卫鸡笼山，与覆舟山、台城连接。晋永康间，倚山为室，始创道场。旧有寺五所，迄无遗址，题识间存。国朝洪武二十年，命崇山侯督工重创，改鸡鸣寺。有门三，曰秘密关、观由所、出尘径，皆圣祖命名。迁灵谷寺宝公大师法函，瘗于山坔，建塔五级，每岁遣官谕祭。寺阻城，地不广数亩。入寺，曲廊迤逦，经数门至佛宇，皆从复道陟降而进，若行数里。傍有凭虚阁，俯视京城大内，直望郊坰，峰壑无极。登浮图，北瞰玄武湖，西连祠庙台榭，皆隐隐于木末见之。弘治间，殿堂渐圮，僧德昊募修。今复厘整，立山门亭，葺廊墙，改建禅院于浮图之下，益助崇丽。"[①]志中附有寺图。图中，鸡鸣寺背后为后湖和明城墙，一路之隔为国子监，寺西山岭上建有观象台。主要殿宇为天王殿、千佛楼、正佛殿、五方

① ［明］葛寅亮：《金陵梵刹志》，南京出版社，2011年，第352页。

殿，自南向北沿中轴线逐层升高。正佛殿与千佛楼均为重檐歇山顶，其他殿宇为单檐顶，建筑面阔三楹或者五楹。中轴线东侧有伽蓝殿、方丈室、凭虚阁、钟楼、观音殿，西侧有祖师殿、禅堂。五方殿后为志公殿，殿后山顶上为五层高的浮图。寺内外植物茂盛，因鸡笼山体量较小，殿宇布局较为紧凑，山门后道路较为萦绕，登山顶可俯瞰广袤的后湖，景致极佳。（图 10-13）明初鸡笼山东建有明代国子监，山名改称为鸡鸣山。

因寺塔年久失修坍塌，清代康乾期间对其重修。康熙、乾隆南巡时均造访玄武湖和鸡鸣寺，康熙曾题匾“古鸡鸣寺”。乾隆南巡后，玄武湖和鸡鸣山两景收录《南巡盛典》“名胜”篇中。《南巡盛典·后湖》图中，湖面水波平静，湖中有五座洲岛，分别标注为麟州（洲）、趾州（洲）、老洲、新洲、长洲。环湖有土堤，洲岛与堤岸上植被丰富，建筑稀疏。近处有一个游湖时的休憩之处。对岸可见城墙与太平门，城墙外隐约可见鸡鸣寺寺塔与北极

图 10-13 [明]葛寅亮《金陵梵刹志·鸡鸣寺右景》

阁。鸡鸣山以玄武湖为背景，山体分为两岭，东岭较低，依山坡建有鸡鸣寺。《南巡盛典·鸡鸣山》图中，鸡鸣寺寺门面东，与上山磴道相接。过山门后轴线转为南北方向，主体建筑坐北朝南，层层递高。山顶三座合院，中间塔院内矗立一座志公塔。西岭较高，岭上院墙围合成院，院中临水处建有高台，台上建有旷观亭，是观赏玄武湖景的制高点（图10-14—图10-15）。

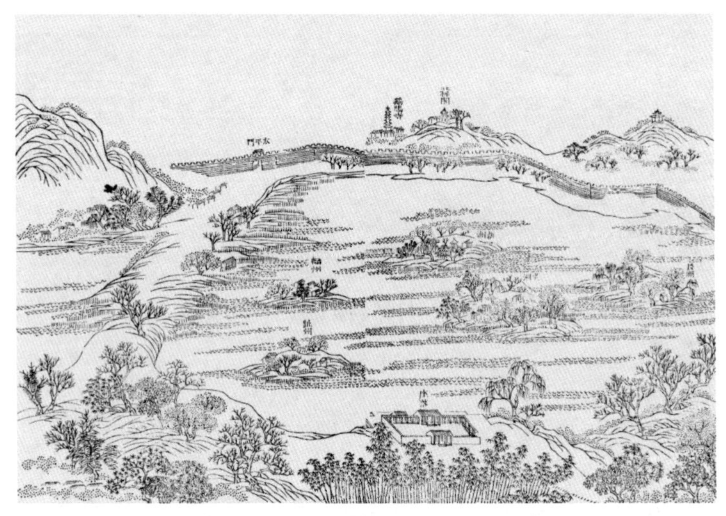

图10-14 ［清］《南巡盛典·后湖》

咸丰年间鸡鸣寺再次损毁，同治年间重修，同治六年（1867）寺中建观音阁。光绪二十年（1894），两江总督张之洞将殿后经堂改建为“豁蒙楼”。民国三年（1914），寺僧在楼旁增建一座景阳楼，两楼之下有胭脂井（图10-16）。新中国成立后，鸡鸣寺全面恢复开放。[①]

图 10-15 [清]《南巡盛典·鸡鸣山》

图 10-16 民国时期鸡鸣寺旧景
(图片来源:《金陵古迹名胜影集》)

① 邢定康、邹尚:《南京历代佛寺》,南京出版社,2018 年,第 59—61 页。

第五节　秦淮河

秦淮河原名龙藏浦,汉代称为淮水,自唐代起称为秦淮。秦淮河源头有两处,分别为溧水河和句容河。溧水河源自东庐山,句容河源自宝华山和茅山,两河在江宁合流为秦淮河,向北流至三汊河入江。本书中作为园林名胜的秦淮河,主要指城区内秦淮河段。

早在东吴时期,因城池距离秦淮河较远,无法发挥秦淮河的通航功能,故开凿运渎引秦淮水沟通皇宫仓城航运。运渎纵贯南北,通过漕沟与玄武湖相接。钟山西麓有溪流汇入燕雀湖。为解决水患,东吴开凿东渠,称为青溪,自燕雀湖向西,蜿蜒九曲,汇入南侧的秦淮河。五代时期,杨吴政权营造金陵城,城周开凿护城河,称为"杨吴城壕",北侧汇入乌龙潭,东侧在通济门与秦淮水相接,南侧经长干桥,在三山水门与秦淮河复合。

明代填平燕雀湖,筑应天府城。秦淮河在通济门外分为两支,包入城内的称为"内秦淮河"。内秦淮河在淮青桥处分为两支。南支称为"十里秦淮",途经文德桥、武定桥、镇淮桥,过上、下浮桥至水西门西水关出城汇入外秦淮河。北支经过内桥、文津桥等,入外秦淮河。①

秦淮河具有重要的航运功能,历史文化资源非常丰富。桃叶渡、青溪最早成为秦淮河的名胜之地。桃叶渡在东晋时期是

① 南京市地方志编纂委员会:《南京水利志》,海天出版社,1994年,第145—147页。

远近闻名的送别之地。青溪水源来自钟山,沟通燕雀湖与秦淮主河道。南宋时期,青溪九曲仅存其一,建康知府马光祖(约1201—1270,字华父、实夫,号裕斋)疏浚青溪河道,营建先贤祠与多座亭馆,并筑堤架桥,方便游人泛舟游玩。此时青溪成为建康城居民的游乐休闲之处。据《景定建康志》卷二十二中记载了青溪诸亭的位置与名称:青溪东有百花洲,水边有放船亭,此处入口有天开图画亭,其四周有玲珑池、玻璃顷、金碧堆、锦绣段四亭环绕。东面有镜中桥,再往东为青溪庄,与清如堂相望。南面可从万柳堤进入,内有三座小亭。桥南是万柳亭,改名为"溪光山色",从此桥向北则是临水的撑绿亭,前后是添竹亭、香远亭。尚友堂西边是"香世界",先贤祠东面是"花神仙"。清如堂南面、渌波桥西面是众芳亭、爱青亭,东面是割青亭。青溪阁南面、清风关北面是望花随柳桥,中间为心乐亭,前面是一川烟月亭。[①](图10-17—图10-18)

明代青溪与桃叶渡被列入文伯仁《金陵十八景》图册中(图10-19—图10-20)。郭存仁《金陵八景图》中有一幅《秦淮渔笛》,以秦淮河水面为中心,四周滨岸曲折、植被丰富,尤以垂柳居多。岸边林木掩映之中可见多栋临水的水阁,阁内坐有游客。远处有石拱桥、城墙,墙后露出宝塔的塔顶(见图4-7)。

晚明"金陵四十景"中,秦淮河主题占据了四景,分别为"秦淮渔唱"、"桃渡临流"、"青溪游舫"和"长桥艳赏"。新增加的"长桥艳赏"一景,聚焦于武定桥与文德桥之间的长桥(见本书第四

① [宋]周应合:《景定建康志》卷二十二,南京出版社,2009年。

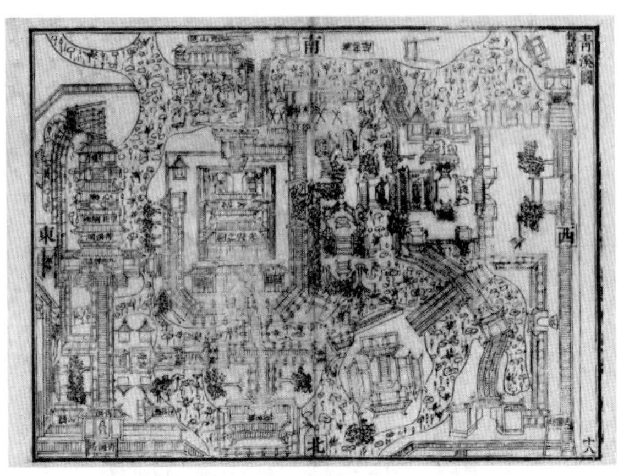

图 10-17 [宋]《景定建康志·青溪图》

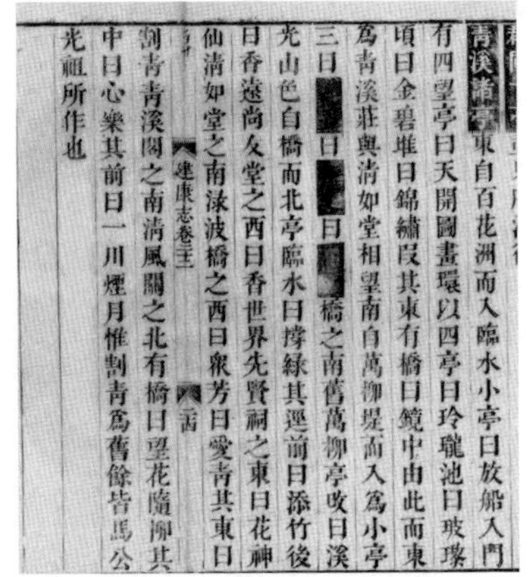

青溪諸亭 東自百花洲而入臨水小亭曰放船入門有四望亭曰天開圖畫環以四亭曰玲瓏池曰玻瓈項曰金碧堆曰錦繡段其東有橋曰鏡中由此而東爲青溪莊與清如堂相望南自萬柳堤而入爲小亭三曰[illegible]曰[illegible]曰[illegible]橋之南舊萬柳亭改曰溪光山色自橋而北亭臨水曰撑綠其逕前曰添竹後曰香遠尚友堂之西曰香世界先賢祠之東曰花神仙清如堂之南淥波橋之西曰衆芳曰愛青其東曰劄青青溪閣之南清風關之北有橋曰望花隨柳其中曰心樂其前曰一川煙月惟劄青爲舊餘皆馬公光祖所作也

建康志卷二十二

图 10-18 [宋]《景定建康志》中的“青溪诸亭”条目

章第二节)。清代徐虎的《金陵四十八景图》中,“长桥艳赏”变更为“长桥选妓”(见本书第五章第二节)。

民国时期夏仁虎(1874—1963,字蔚如,号枝巢)编纂有《秦淮志》,详细记录了秦淮河两岸乃至流域的风物胜迹和人文轶事。其中第三卷《津梁志》曰:“南都淮流,如环如带。民不病涉,曰有桥在。水之所至,桥亦建焉。先城后郭,眉目井然”,[①]第四卷《名迹志》曰:“一水如带,滔滔逝者。往籍所存,择其尤雅。江山胜迹,我辈登临。及今弗录,或遂陆沉”,[②]所记内容包含了津梁和名迹的位置与历史信息。故本书摘录此两卷部分条文,以资本节内容(表10-1、表10-2)。

表10-1 《秦淮志·津梁志》相关条文

名称	相关条文摘录
秦淮正河诸桥	
利涉桥	在贡院东。顺治三年知府李正茂造木桥。康熙癸卯易以石,复以形家言,易木。道光中修之,朱绪曾有记。同治十年,总督何璟重建。《待征录》云:“古桃叶渡也。”孝陵卫人金云甫,见渡者多溺,捐建木桥。太守李正茂,名曰利涉,后又倡募改石,后复建木桥。金殁,祀为桥神,建阁桥下,曰金公祠。
文德桥	在县学西。跨泮池而立,本木桥。明万历中圮,里人钱宏业易以石,或云提学陈子贞易焉。兵燹桥毁。同治五年易以木,九年重修。桥下有祠,祀陈提学,后为酒肆,曰芥子河亭,今复陈祀。
武定桥	《建康志》;淳熙中建,名曰嘉瑞浮桥,亦曰上浮桥(非今上浮桥)。长乐渡为下,此故曰上。
镇淮桥	在今聚宝门内,吴南津桥也。《世说叙录》及《舆地志》并称南津,在晋为朱雀航。《实录》:咸康二年,新立朱雀航,对朱雀门,南渡淮水,

① [民国]夏仁虎:《秦淮志》,南京出版社,2006年,第16页。

② [民国]夏仁虎:《秦淮志》,南京出版社,2006年,第24页。

续表

名称	相关条文摘录
镇淮桥	亦称朱雀桥，亦谓南航，亦曰大航。《金陵世纪》谓朱雀航，非今之镇淮桥，在聚宝门东北。《金陵新志》亦谓在镇淮北左南厢，今信府河南之长乐渡，盖与晋朱雀门相对。
新桥	即饮虹桥也。《实录》：南临淮有新桥，本名万岁桥。岑嘉州诗“万岁桥边此送君”，指此。后改饮虹新桥。宋乾道五年覆以大屋数十楹，开禧四年重修，宝祐四年又修，明正德中又修。
上浮桥	在新桥西。明正德中修，清同治六年又修。
斗门桥	古禅灵渚也。景定三年，马光祖修。桥西有禅灵寺。《梁书·王僧辩传》：僧辩讨侯景，乘潮入淮，进至禅灵寺，是也。寺在今范家塘侧，道光间犹存。 按：淮水至此，与运渎之水合。
下浮桥	康熙丁未修，同治六年又修。淮水又西过下浮桥，出西水关，桥之西曰云台闸，淮水径此出城矣。
运渎诸桥	
红土桥	运渎水自斗门桥北流，至红土桥，即南乾道桥也。其地以冶麓余气，掘地三尺，土皆红色，俗以名桥。其街曰安品，陈伯雨先生之可园在焉。
草桥	由红土桥再北曰草桥，即北乾道桥。流折而西，为竹竿里，即古之竹格巷，以临竹格渚而名也。
鸽子桥	青溪水自内桥来，会于鸽子桥。为运渎之东源。以北临鸽子市，即以名桥。(《建康实录》：有甓子桥。)适在其地，或即音之转也。在宋曰闪驾桥，一曰景定，马光祖建，有纪。明曰清化桥，以有清化坊得名。

续表

名称	相关条文摘录
羊市桥	与鸽子桥错综而列，一名大市桥，吴时贸易之区也。桥下所跨之水，则护龙河之北折处，故又谓之西虹桥。城东北诸沟之水，皆汇于是。司马西虹之宅在焉（司马泰，上元人，家藏书最富）。
笪桥	相传茅山笪宗师所建，故以姓名之。即古之杨烈桥（《南史》：王僧虔观鸭于杨烈桥），在唐曰太平桥，在明曰钦化桥。桥南旧有灯市。
鼎新桥	笪桥水合草桥北出之水，为运渎正河至此桥。本名小新桥，宋马光祖重建，改今名。
道济桥	本名崇道桥，以其在仓巷西，亦名仓巷桥。同治中建府学，改今名。晋王导之西园也。
文津桥	在府学西，亦同治中建。
史桥	明史痴翁之故里也，旁有史墩。
望仙桥	即古西州桥，以西州门得名。相传痴翁有爱姬曰何玉仙，解书画，通音律。桥曰望仙，望玉仙也。
回龙桥	《建康志》云：在城西门内。今下庙西大街，有平桥，下洞甚巨，南通运渎，而达铁窗棂。桥下水，盖汇城西北诸水，由候驾桥而来者。候驾，名无考。
张公桥	运渎水自望仙桥迤西南流，过此桥，出铁窗棂，入于外壕河。桥一名周家，均无考。
杨吴城濠水诸桥	
北门桥	在南唐北门外，内有清化，故又名清化市桥，一曰草堂桥。桥券内有石刻“草堂桥”三字。宋置亲兵教场于此，又曰武胜桥。杨吴城壕水自北门桥东流，折而北，进香、珍珠二河之水入之。

续表

名称	相关条文摘录
浴沂桥	进香河水，源自后湖，明初开。自后湖北而西，为浴沂桥。其北即昔府学，今武庙也。
土桥	又西为土桥，南流达进香河。
进香桥	在进香河上。
西仓桥	进香河南流，为西仓桥、北石桥、红板桥、严家桥、莲花桥。
莲花第五桥	自西仓桥至此，其数五，故又曰莲花第五桥。
浮桥	旧红板桥。明初马后置仓于此，以赡监生之妻。
通贤桥	北达府学，明国子所出入也。
竹桥	杨吴城壕，会进香、珍珠二河水，南径竹桥，在驻防城西北，故燕雀湖也。洪武涸为大内，有水自东安门流至后载门而绝，又自后载门西流穴城而出，达于竹桥。相传青溪遗迹。《建康志》所谓青溪在城外者，自城壕合于淮是也。
元津桥	壕水又南径元津桥，明西华门外桥也。
复成桥	又南径复成桥，以复成仓著名。《洪武京城图志》曰：既坏而复成之，因以名焉。
大中桥	古白下桥也，亦名长春桥。在南唐东门外，当江淮诸路之冲。旧志谓饮万马于秦淮，给诸屯之馈饷，其要可知。旧有白下亭。
青溪诸桥	
东门桥	青溪七桥。《实录》注：最北乐游东门桥。
尹桥	《实录》注：次南尹桥。《建康志》：潮沟大巷，东出度此。
鸡鸣桥	《实录》注：次南鸡鸣桥，相传齐武帝游钟山，至此鸡鸣。
募士桥	《实录》注：次南募士桥，吴大帝募勇士于此，桥为吴建矣。

续表

名称	相关条文摘录
菰首桥	《实录》注：次南菰首桥，一名走马桥。《十洲记》曰：芳林园在青溪菰首桥东。
四象桥	《实录》注：次南青溪中桥。《吕志》：四象桥也。邑人孙文川云：四象乃湘寺倒转，而音又讹也。
淮清桥	青溪水径四象桥至淮青桥，与淮流合。此桥为秦淮与青溪汇流处，故曰淮青。今误作"清"。
檀桥	又有檀桥，亦在青溪上。《齐书》：刘瓛以儒学冠时，住檀桥，学徒敬慕，呼曰青溪。
南唐宫壕诸桥	
升平桥	南壕东曰升平桥，即东虹桥。
内桥	中曰虹桥。政和间，蔡凝建石桥，曰蔡公桥。后曰天津桥，不忘西京名也。明以来曰内桥。
西虹桥	即大市桥，见"运渎"。
青平桥	疑即门楼，楼古名。旧志云：并以下四，均在南唐东壕护龙河上。又云，西通内桥，即青溪支流。
日华桥	
飞虹桥	今卢妃巷内。
月华桥	
广富桥	今称皇甫。
明御河诸桥	
青龙桥	御河水，明洪武初开，有桥五，最东曰青龙。
白虎桥	
会同桥	会同馆旁。
乌蛮桥	

续表

名称	相关条文摘录
柏川桥	明南都之变,乞儿题诗自沈处也。此桥半在城内,半在城外,俗呼半边桥。《京城图志》云,在通济街。
内五龙桥	又分御河支流于城内,有五桥毗连,曰内五龙桥。复迤逦流至柏川桥下,合而西注于复成桥。
小运河水诸桥	
五板桥 观音桥 藏金桥 采蘩桥 星福桥 小心桥	(按:县志,淮水西南径利涉桥,受小运河水)明初浚城东南鹿苑寺前池塘,以受南岗以北诸水,为之汇五板、观音、藏金、采蘩、星福、小心六桥之流。有半边营,南边皆河也。有水所营,所官营于水,故名。
苑家桥	在东花园。中山园丁苑姓者居之,故名。
长板桥	《吕志》:旧院址在东花园之右,一河为界,建长板桥以通行人。后桥废,两旁筑石埂,曰石坝园,亦曰石坝街。
玩月桥	马湘兰故宅。后为孔雀庵,一名因是庵。黄虞稷诗"马湘兰宅作招提"是也。门前有玩月桥。周雪客秦淮古迹诗:"风流南曲已烟销,剩得西风长板桥。却忆玉人桥上坐,月明相对教吹箫。"盖指此,今不可寻。 以上城内。
乌刹桥 龙渡桥 令桥	《建康志》:东庐山在溧水县东南一十五里,有水源三,源自山西,流入秦淮。北流至乌刹桥,一曰乌鹊桥;次北龙渡桥;次北令桥。
周郎桥	在县东六十里湖熟镇,有桥曰周郎。《石迈古迹篇》:旧传周瑜征笮融至此桥,因名。
菖桥	在方山埭东南。《齐书·李安民传》:宋建安王景素反,安民破之杨菖桥,即此。

续表

名称	相关条文摘录
童家桥 马门桥	淮水自五城渡,吉山东涧水入之,自童家桥东流,有水自东北殷巷西南流入之,合流至马门桥,一曰马牧,旧放牧处也。陂陀周延,芳草如茨,信为牧地。
金家桥 郭家桥	循马牧桥西南,有金家桥。支渠南通九里汀,东有郭家桥,有象鼻湖,湖以形名。
陈墟桥 曹家桥 河定桥	牛首山东涧水,东流历陈墟桥、曹家桥,以东历河定桥。南东入于淮。
见子桥 分水桥	在通济门外,淮水由五城渡至此,有二桥,内曰见子,外曰分水。
上方桥	在通济门外八里,顺治二年修。
高桥	上方桥有支河通高桥门,其水穴土城而入者曰小水关,有桥曰高桥。《南史》:徐嗣徽等至湖熟,侯安都拒之于高桥。
铜桥	五代史李昇天祚二年以步骑八万讲武于铜桥是也。
过军桥 七瓮桥 中和桥	近上方曰过军桥。通双门路,北为大校场,明神机营也。又西北七瓮桥,又西北中和桥。
九龙桥	即通济门外桥也。旧有汝南湾,《建康志》:在城东八里,当秦淮曲折处。
觅渡桥	即三山门外桥,旧名三山桥。康熙间修,壕水径此,与城内淮水合。
聚宝桥	在聚宝门外,即古长干桥也。杨溥建,马光祖修。又曰长安桥。康熙、乾隆叠修,今渐圮。淮水径此,南合落马涧水,旧南涧也。昔有南涧寺,何尚之宅在焉。有南涧楼,王安石有诗。
南涧水诸桥	
重泽桥	在扫帚巷古东市口。

续表

名称	相关条文摘录
就湾桥	一曰坝桥,在小市口。
善世桥	近三里店,明弘治修,得庆元石纪。
来宾桥	在西街。古望国门桥有来宾楼,因名。
涧子桥	在窑湾涧水入壕处。
以上均跨南涧水。	
平桥	在朝阳门外,明初引钟山水入壕,南径平桥。
菱角桥	在洪武门外。
附浮桥	六朝阻淮为固,《舆地志》云:自石头东至运渎(运渎应是青溪),总二十四航。有警,断舟栅流,盖浮梁也。隋平江南,诸航始废。杨吴筑城,淮流益狭,故迹尽湮。略具航名之可考者。
竹格渚航	王敦犯建康,其将沈充等从竹格渚入淮者是也,或云在今竹格里。
骠骑航	亦曰东航。在东府城南,秦淮河上。晋太元中,骠骑府立。一云会稽王道子立。一云梁临川王宏,为骠骑大将军居东府航,因名。
丹阳后航	《方舆纪要》云:在丹郡城后,亦跨秦淮。
朱雀航	《实录》:咸康二年,新立朱雀航,即今南门桥。以上四航,晋宁康四年,诏除丹阳、竹格等四航税是也。此外有榻航,在石头左,温峤欲救匡术于苑城,别驾罗洞,劝攻榻航,术围自解。

表10-2 《秦淮志·名迹志》相关条文

名称	相关条文摘录
丹阳郡城	在武定桥东南长乐巷,自城角内外皆是。(《吴苑记》)
建康县城	吴冶城东,今天庆观东是其地。《寰宇记》云:在县西一里。晋太康三年,分淮水北为建业县,上元之地居多。(《六朝事迹编类》)
孔子巷	《舆地志》云:孔子庙在乐游苑。东隔青溪,旧在溪南,丹阳郡之东南。本东晋所立,中废。宋元嘉十九年,诏复孔子庙,迁于今处。以旧地为浮屠,今名孔子寺,亦名孔子庙。在长乐桥东。(《编类》)
太学	晋太康二年,立太学于秦淮淮水南。(《晋书》)
湘宫寺	在青溪北。《南史·虞愿传》:宋明帝以宅为寺,尝谓晁尚之曰:卿至湘宫寺否,此是我大功德。虞愿曰:此皆百姓卖儿贴妇钱,何功德之有?《实录》青溪中桥傍湘宫寺,对桃花园。按青溪中桥,今四象桥也。孙文川云:四象即湘寺倒转之音。(县志)
朱雀门	晋都城南门也。《晋书》:南面正中曰宣阳,与朱雀门相对。王导尝出宣阳门,望牛首两峰相向,导指为天阙。牛首山在今南门,近东面,势正与桐树湾相近。(同上)
汝南事	晋太元中,于汝南湾东南置亭,为士大夫饯行之所。(《编类》)
朱雀观	在镇淮桥。谢安置二铜雀,并建重楼于桥上,以朱雀观名之。(《晋起居》)
夷齐庙	镇淮桥有夷齐庙,本王谢祠,宣和间改祀。(《小仓山房诗注》)
武成王庙	在镇淮桥北。(《建康志》)
邀笛步	旧名萧家渡,在东南青溪桥之右,今上水闸是

续表

名称	相关条文摘录
邀笛步	也。《晋书》云,桓伊善乐,尽一时之妙,为江左第一。有蔡邕柯亭笛,常自吹之。王徽之赴召京师,泊舟青溪侧。伊素不与徽之相识,自岸上过,客称伊小字曰,此桓野王也。徽之令人语之曰:胜闻君善吹笛,为我一奏。伊便下车踞胡床为作三弄,毕便上车去,主客不交一言。(《编类》) 按:青溪桥,即今淮青桥,为秦淮、青溪相接处。
桃叶渡	《图经》云:在县南一里秦淮口。桃叶者,王献之爱妾名也。其妹曰桃根。诗曰:"桃根复桃叶,渡江不用楫,但渡无所苦,我自迎接汝。"不用楫者,谓横波急也,尝临此渡歌送之。
梦笔驿	《建康志》引唐溪诗话云:"梦笔驿,江淹旧居,即梦郭璞索笔处也。"在冶亭。
太白酒楼	即孙楚酒楼也。在下浮桥西,云台闸上,即淮水出城处。李白诗:"朝沽金陵酒,歌吹孙楚楼"是也。(县志)
此君亭	斗门桥西旧华藏院。《建康志》:伪吴武义六年建。初为报先寺,南唐改为报恩禅寺,宋初改今额。王安石建此君亭。(《安石诗注》)
思乐亭	在泮池旁,元李孝光有记。(《朱律嶰谷诗注》)
霜月斋	在江宁县学内,乃元杨刚中所建。(县志)
龙翔寺	元文宗旧藩邸也,后建为寺。《金陵新志》载:寺立原委甚详,并有图。东跨虹桥,西抵冶城。(《金陵闻见录》)
鸡鸣埭	《建康实录》:青溪有桥,名募士桥。桥西南过沟,有埭,名鸡鸣埭。齐武帝游钟山射雉,至此鸡始鸣。《图经》云:"今在青溪西南潮沟之上。"(县志)

名称	相关条文摘录
铜管	《建康志》:导源元武湖,自今武庙东北,铜管穴城入沟,上有朱异、伏挺诸宅。 按:近人笔记云,觅得紫铜管于城东北隅。或云为吴孙皓作新宫引湖水入宫所作,似年代太远。或陈后主导珍珠河于潮沟,为差近耳。
柳树湾	在通济门。见《南都察院志》。
孔雀庵	马湘兰故宅也,一名悟真。门外有玩月桥,地近东园。黄俞邰诗,马湘兰宅作招提指此也。(县志)
赏心事	在孙楚楼旁,丁谓张周昉《卧雪图》处。
白管亭	下瞰白鹭洲,故名。
折柳事	在赏心亭下。
二水亭	在白鹭亭西。
风事	在折柳亭东。
佳丽亭	与风亭相近。 县志:云台闸,淮水径此出城。上有太白酒楼,即孙楚楼也。旁有赏心亭,西为白鹭亭,又西为二水亭,下为折柳亭。与风亭相连,有佳丽亭,风帆云树,目不暇给,亚舣舟胜处。
绿萍湾	在水所营旁,受小运河水,朱修林隐居处。杜茶村有诗云:“卖断青溪是此家。”(县志)
长塘	运河水合流至麦子桥,沿五块砖至长塘。长塘,旧长板桥也。桥西为教坊,有乐王庙,有教坊司题名碑。(县志)
青溪阁	在鹫峰寺后。
青溪先贤祠	在府学东,明道书院西,青溪之上。宋光祖建。自周汉而下,首自太伯,终真西山,与祀者四十一人。后闽士陈宗,求增入苏文忠子瞻,

名称	相关条文摘录
青溪先贤祠	且备列公游金陵诗,谓位次应在程纯公下。此祠国初已毁。万历丁未,南少宰叶公重建于普德寺后,而不闻增祀文忠也。(《客座赘语》)
青溪小姑祠	《舆地志》:青溪发源钟山,入于淮,连绵十余里。溪口有埭,埭侧神祠,曰青溪姑。 按:今俗相传,以祀蒋子文妹也。祠中复有二女像,俗传炀帝平陈,斩张丽华、孔贵嫔于青溪栅口。土人哀之,为附祀于小姑祠。王阮亭有诗纪之。(县志并注)
放生池	在鹫峰寺后,池石上镌擘窠书曰:鱼极乐国。旧志按:此明人之放生池也。(县志)
金陵闸	小运河水委婉北流,至东园旁之金陵闸,以汇于淮。明人以为青溪,《昌志》以为西沟,皆非也。闸上有青溪小姑祠,旧谓小姑祠,在青溪棣口,不知何年移此。(县志) 按:明人既误东园水为青溪,此祠当亦明代所移。
浣花居	在东园苑家桥,中山管园人有苑姓者居此,故以名桥。后于此设酒肆。(县志)
栅洪	亦曰栅栱。驯象门外,赛工桥下水也。《金陵通传》:王元绰明亡隐遁不出,昆山顾炎武往访之,因其泛舟栅洪,相对悲歌。
土山	县志:淮水又北径土山。东晋太和中,谢安营墅地也。唐韩滉自京口至此,皆修坞壁。志又案:方山西渎,至于土山,乃秦所开,盖凿山址,以广淮耳。
元真观	在通济门外中和桥旁。明永乐建以居焦孝真者。今废。见《水东日记》《野获编》,存《征录》。
尊经书院	在夫子庙尊经阁下。

续表

名称	相关条文摘录
钟山书院	在娃娃桥旁。明之铸钱局也。清初总督阿山立,有御赐书额。有木屏风,刻“忠孝廉节”四大字,朱子书。有铁猫二、叉二,相传马三保下西洋故物。妇人中秋日,往抚之,云可生子,谓之摸秋(见《白门琐记》)。书院后移新廊,旧址遂废。(县志)
莫愁湖	即横塘,亦曰南塘。《实录》注:在淮水南,近陶家渚。吴大帝自江口缘淮筑堤,谓之横塘。吴都赋曰:“横塘查下,屋邑隆夸,楼台之盛,天下莫比。”亦曰南塘。《晋书·祖约传》:“昨复南塘一出”,指此。今为莫愁湖,有楼曰胜棋,相传明祖与中山王赌棋处。乱后荡然。曾湘乡复营建之,光绪中宁藩许振祎复建曾公阁于此。

附录

附录1

［明］宋懋晋《名胜十八景图》中的南京园林名胜图（图片来源：北京画院、南京博物院编《唯有家山不厌看》）

附图01-1 灵谷寺

附图01-2 清凉台

附图01-3 莫愁湖

附图01-4 长干里

附图01-5 雨花台

附图01-6 天界寺

附图01-7 鸡鸣山

附图01-8 木末亭

附图01-9 瓦官寺

附图01-10 燕子矶

附图01-11 太平堤

附图01-12 牛首献花

附录2

[清]《古今图书集成》中的南京园林名胜图

附图02-1 牛首山图

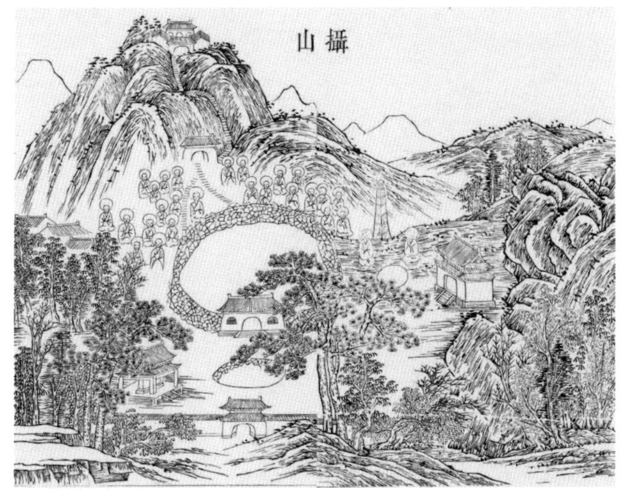

附图02-2 摄山

附图02-3 钟山图

附录3

[清]《摄山志》中的栖霞山风景插图

附图03-1 彩虹明镜

附图03-2 玲峰池

附图03-3 紫峰阁

附图03-4 万松山房

附图03-5 幽居庵

附图03-6 天开岩

附图03-7 叠浪崖

附图03-8 德云庵

附图03-9 珍珠泉

附录4

[清]《清高宗南巡名胜图》中的南京园林名胜图

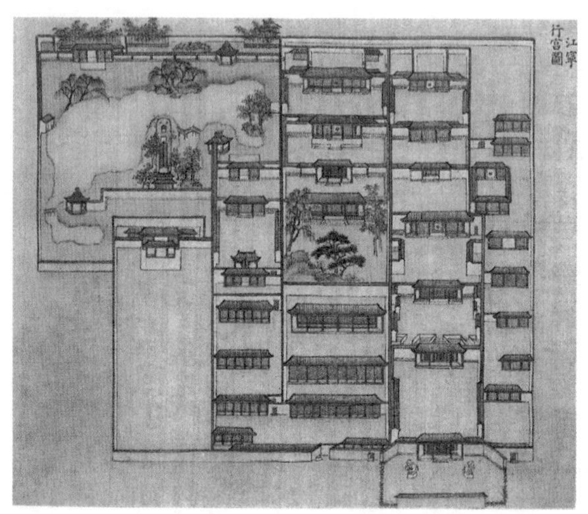

附图04-1 江宁行宫图

附图04-2 后湖图

附图04-3 鸡鸣寺北极阁图

附图04-4 清凉山图

附图04-5 报恩寺雨花台图

附录5

[清]徐上添编绘《金陵四十八景》中的风景插图(图片来源南京出版社:《金陵四十八景》)

附图05-1 莫愁烟雨

附图05-2 祈泽池深

附图05-3 雨花说法

附图05-4 天界招提

附图05-5 凭虚远眺

附图05-6 永济江流

附图05-7 燕矶夕照

附图05-8 狮岭雄观

附图05-9 石城霁雪

附图05-10 钟阜晴云

附图05-11 龙江夜雨

附图05-12 牛首烟岚

附图05-13 珍珠浪涌

附图05-14 北湖烟柳

附图05-15 东山秋月

附图05-16 虎洞明曦

附图05-17 冶城西峙

附图05-18 赤石片矶

附图05-19 清凉问佛

附图05-20 嘉善闻经

附图05-21 杏村沽酒

附图05-22 桃渡临流

附图05-23 青溪九曲

附图05-24 凤凰三山

附图05-25 达摩古洞

附图05-26 甘露佳亭

附图05-27 长干故里

附图05-28 鹭洲二水

附图05-29 化龙丽地

附图05-30 来燕名堂

附图05-31 楼怀深楚

附图05-32 台想昭明

附图05-33 长桥选妓

附图05-34 三宿名崖

附图05-35 祖堂振锡

附图05-36 幕府登高

附图05-37 报恩寺塔

附图05-38 神乐仙都

附图05-39 鸡笼云树

附图05-40 灵谷深松

附图05-41 秦淮渔唱

附图05-42 天印樵歌

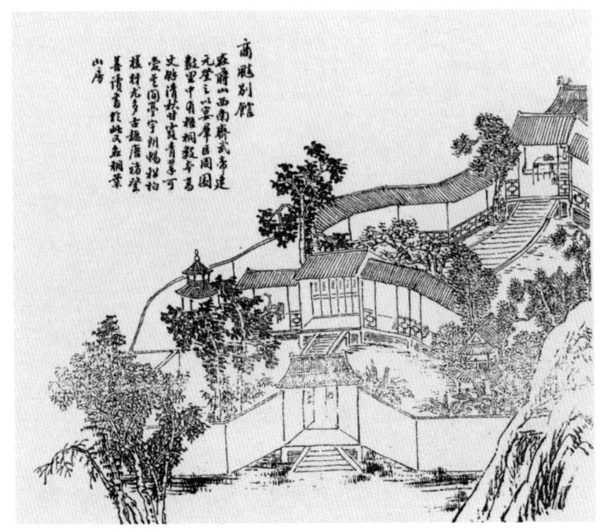

附图05-43 商飙别馆

附图05-44 谢公古墩

附图05-45 献花清兴

附图05-46 木末风高

附图05-47 栖霞胜境

附图05-48 星岗落石

附录6

1910年出版的《金陵胜观》(杉江房造编,大阪玉鸣馆发行)中所载南京园林名胜照片

附图06-1 玄武湖

附图06-2 孝陵大金门

附图06-3 孝陵方城

附图06-4 乌龙潭

附图06-5 莫愁湖

附图06-6 秦淮河

附图06-7 燕子矶

附图06-8 栖霞寺

附录7

[民国]徐寿卿编、韵生绘《金陵四十八景全图》中的风景插图(图片来源:南京出版社《金陵四十八景全图》)

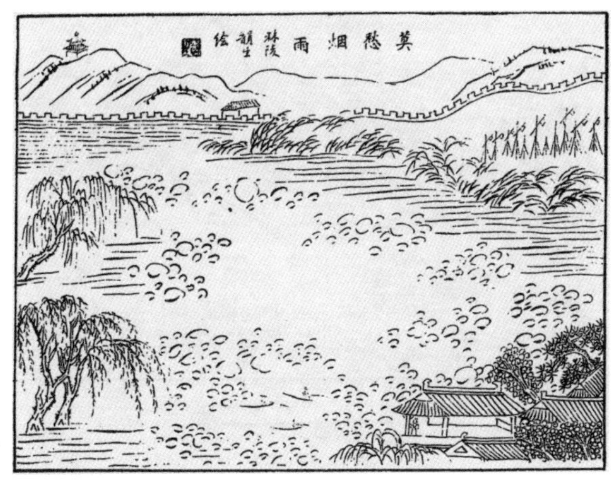

附图07-1 莫愁烟雨

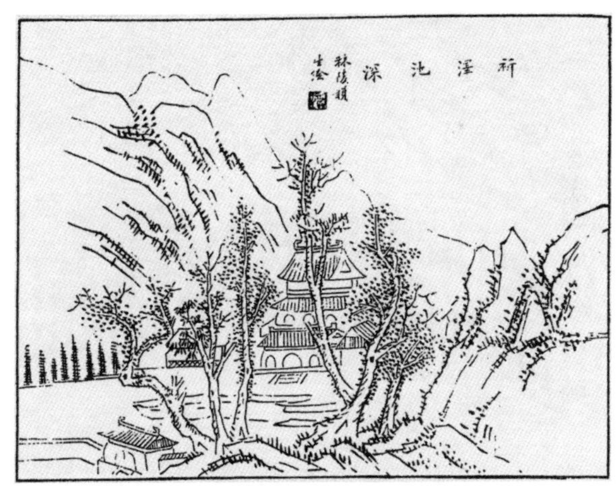

附图07-2 祈泽池深

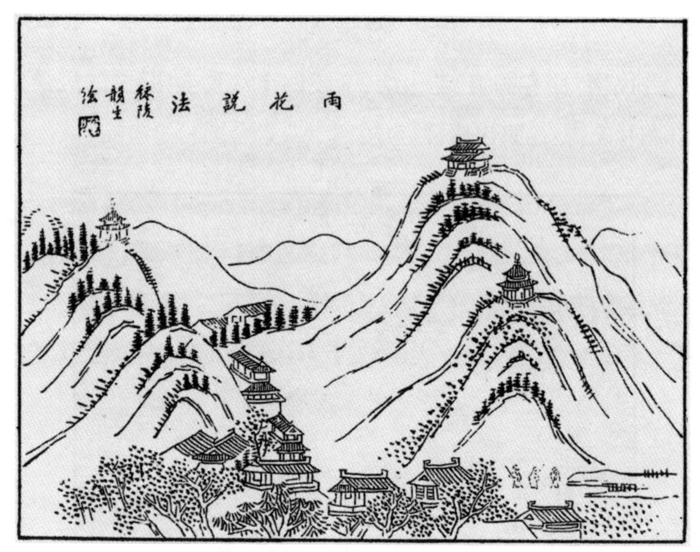

附图07-3 雨花说法

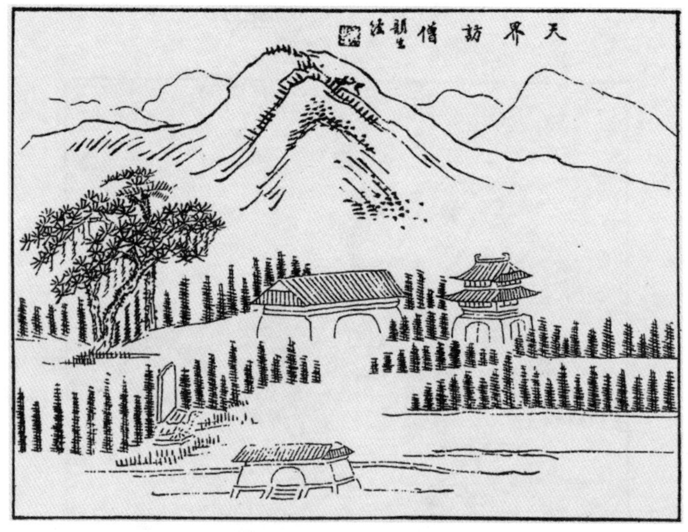

附图07-4 天界访僧

附图07-5 凭虚远眺

附图07-6 永济江流

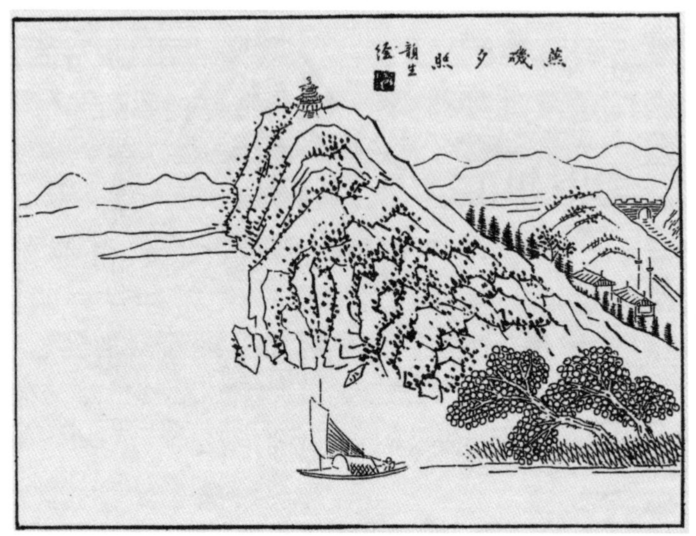

附图07-7 燕矶夕照

附图07-8 狮岭雄观

附图07-9 石城霁雪

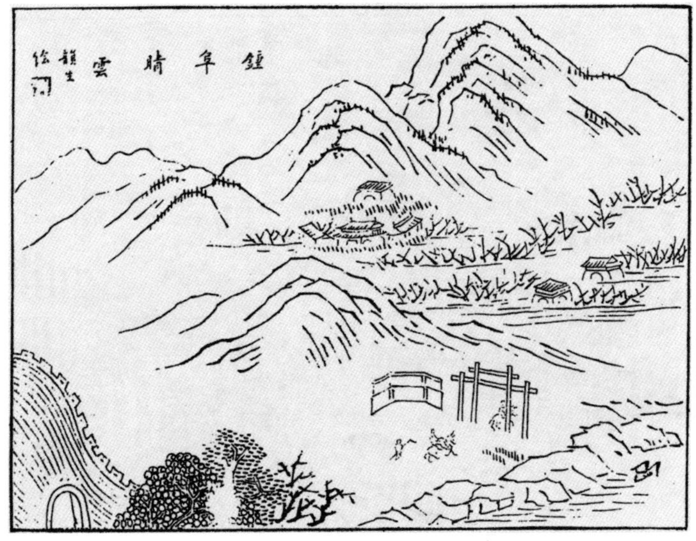

附图07-10 钟阜晴云

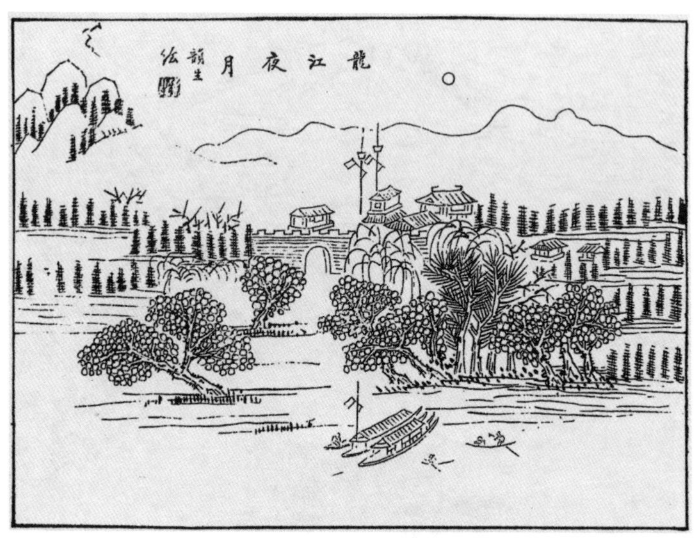

附图07-11 龙江夜月

附图07-12 牛首烟岚

附图07-13 花崖清兴

附图07-14 北湖烟柳

附图07-15 东山棋局

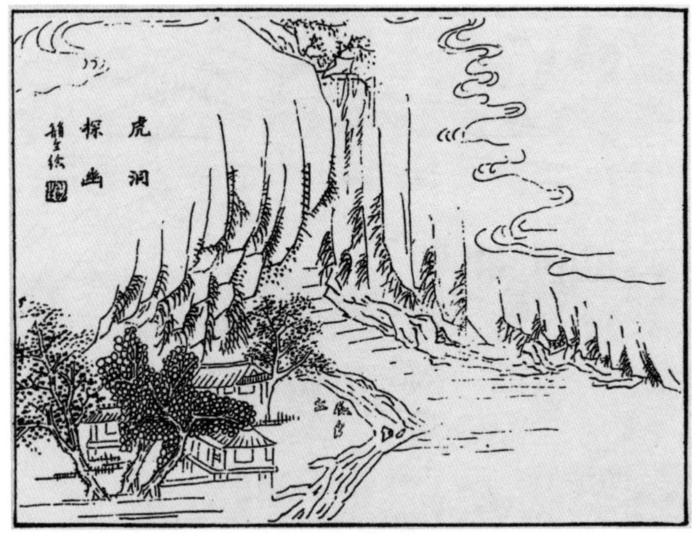

附图07-16 虎洞探幽

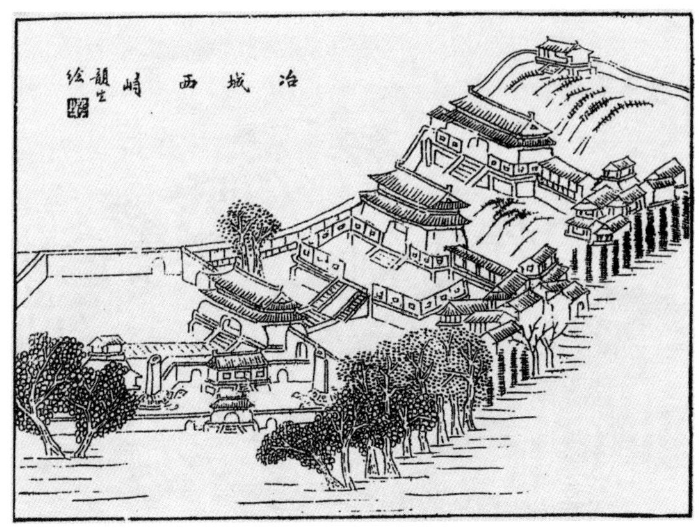

附图07-17 冶城西峙

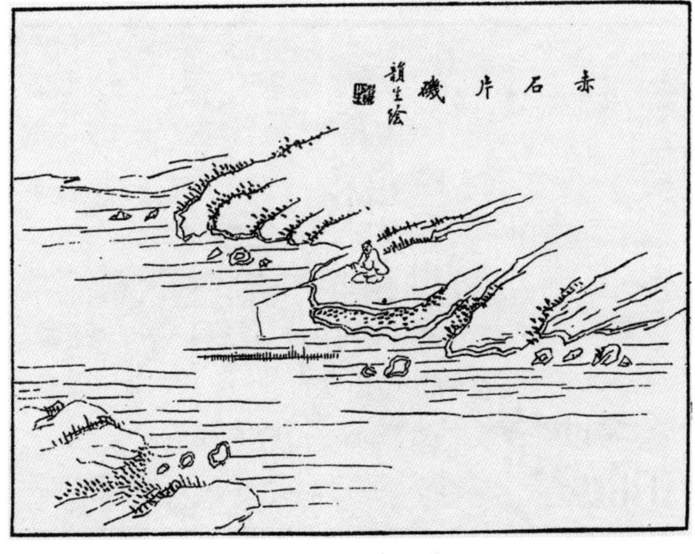

附图07-18 赤石片矶

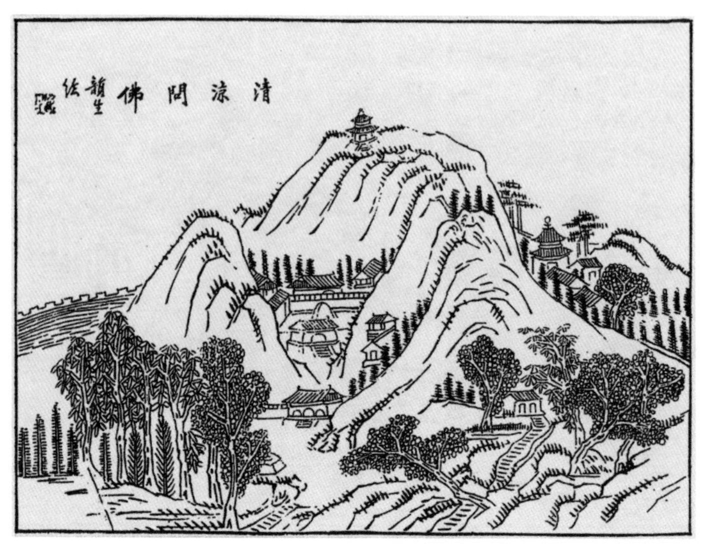

附图07-19 清凉问佛

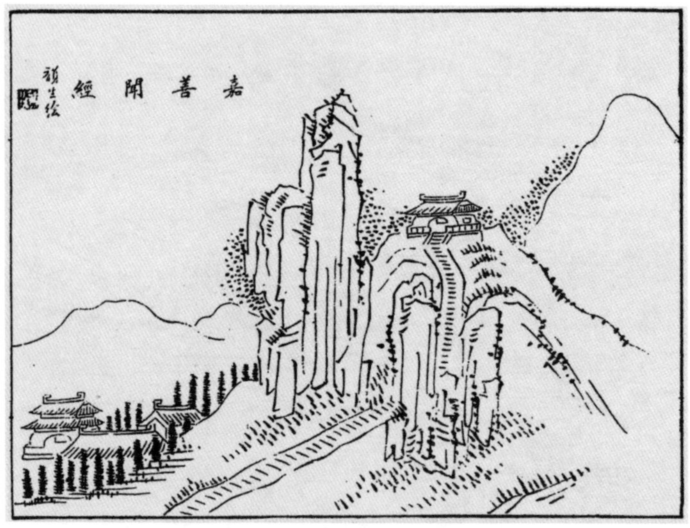

附图07-20 嘉善闻经

附图07-21 杏村沽酒

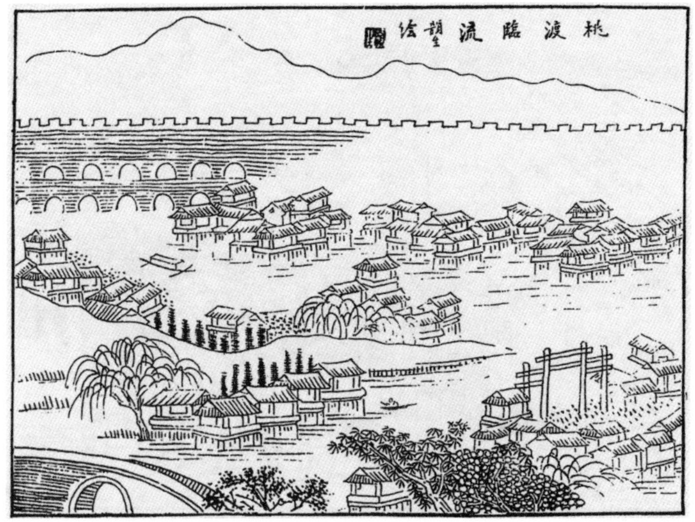

附图07-22 桃渡临流

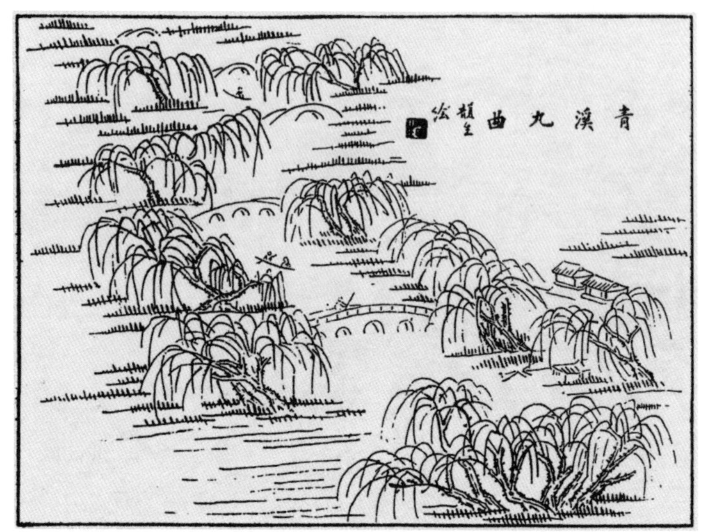

附图07-23 青溪九曲

附图07-24 凤台三山

附图07-25 达摩古洞

附图07-26 甘露佳亭

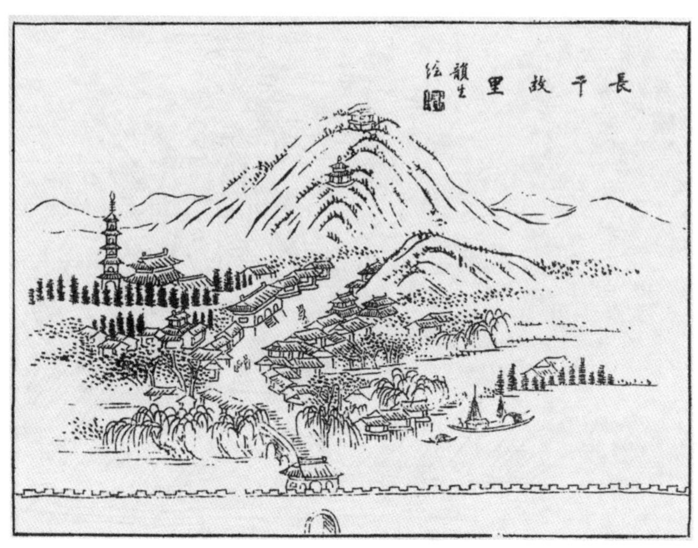

附图07-27 长干故里

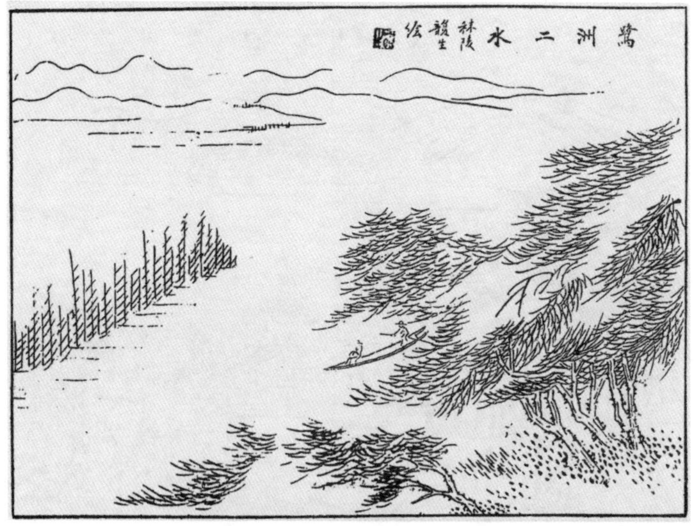

附图07-28 鹭洲二水

附图07-29 化龙丽地

附图07-30 来燕名堂

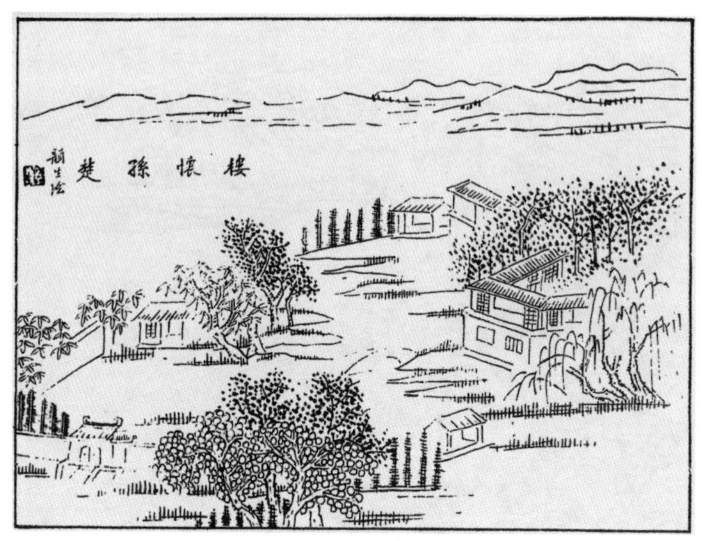

附图07-31 楼怀孙楚

附图07-32 台想昭明

附图07-33 长桥选妓

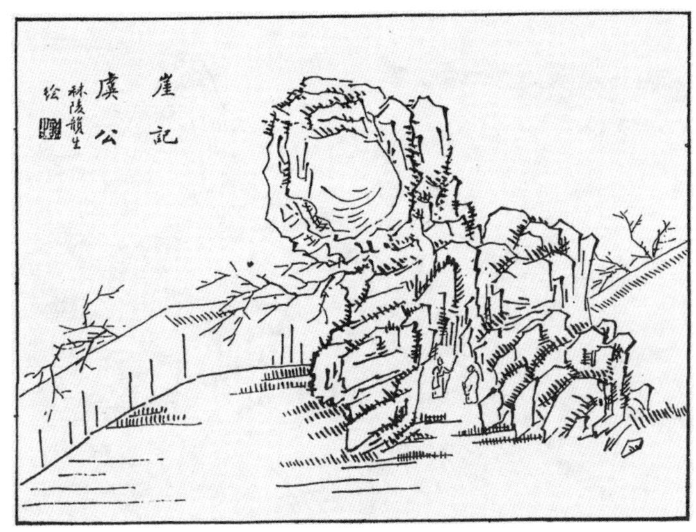

附图07-34 崖记虞公

附图07-35 石室余青

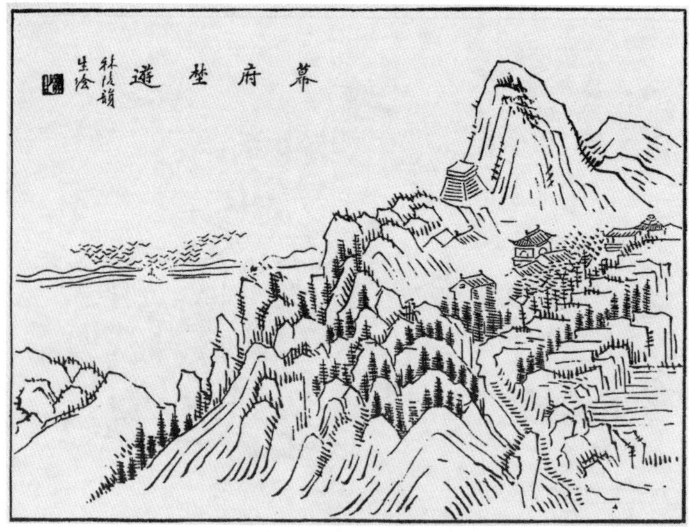

附图07-36 幕府野游

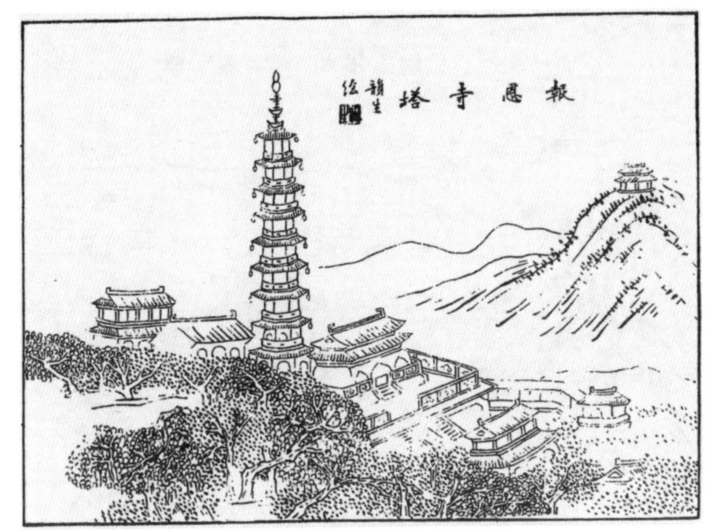

附图07-37 报恩寺塔

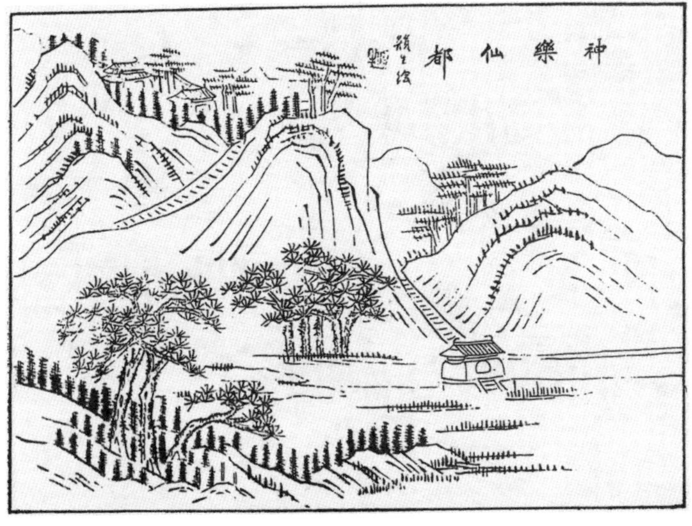

附图07-38 神乐仙都

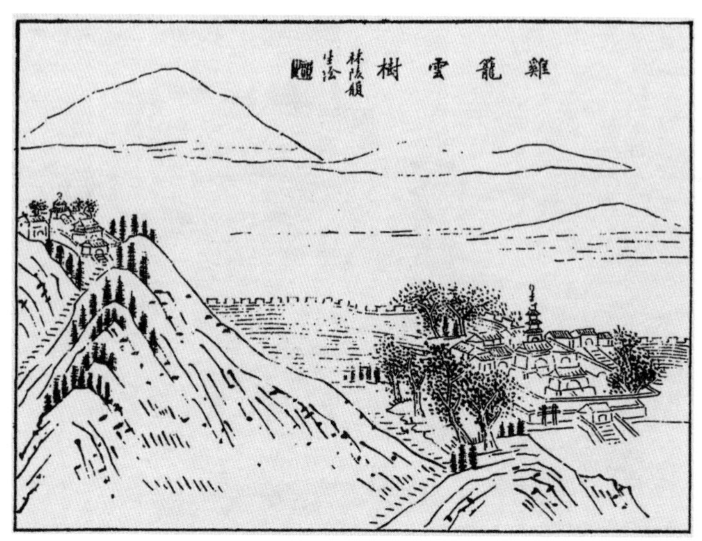

附图07-39 鸡笼云树

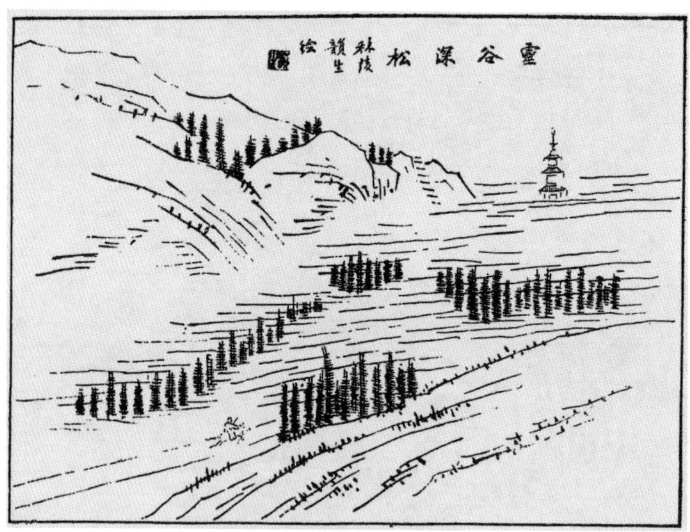

附图07-40 灵谷深松

附图07-41 秦淮渔唱

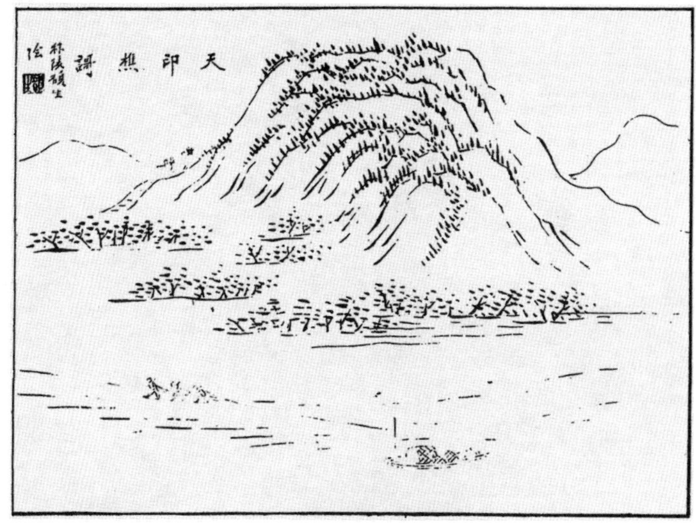

附图07-42 天印樵歌

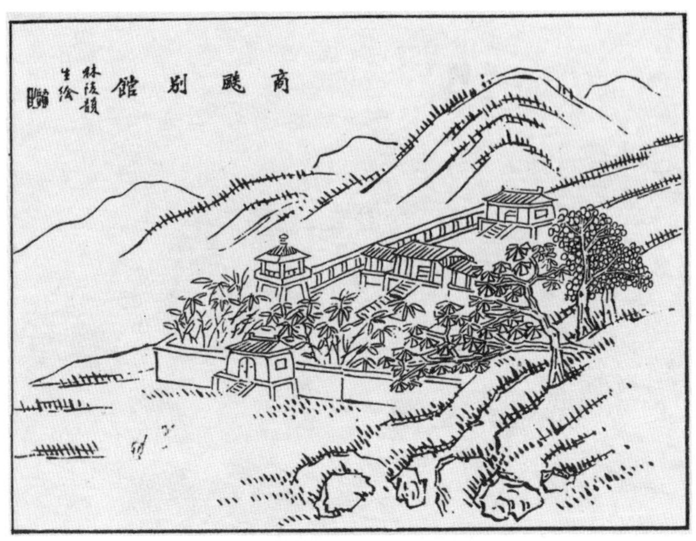

附图07-43 商飙别馆

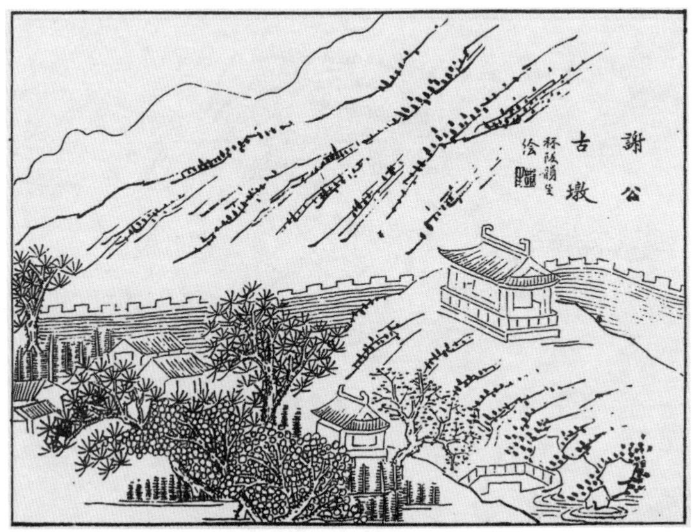

附图07-44 谢公古墩

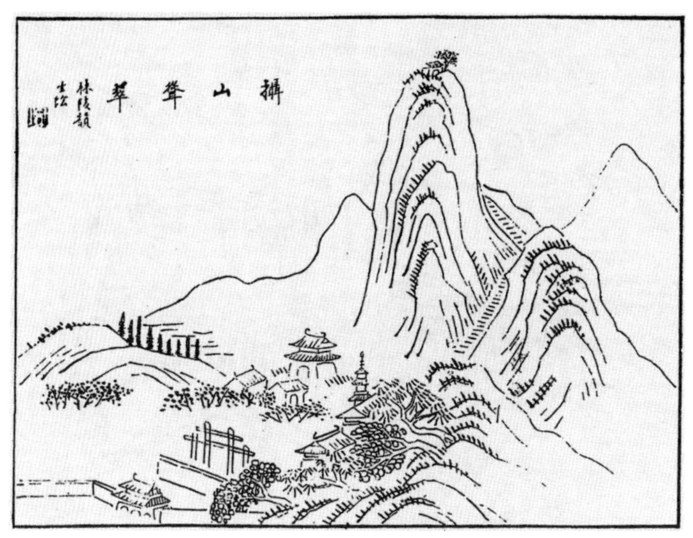

附图07-45 摄山耸翠

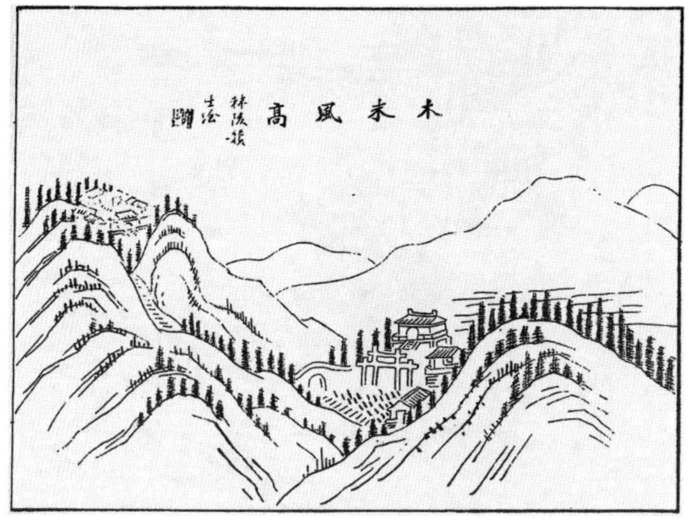

附图07-46 木末风高

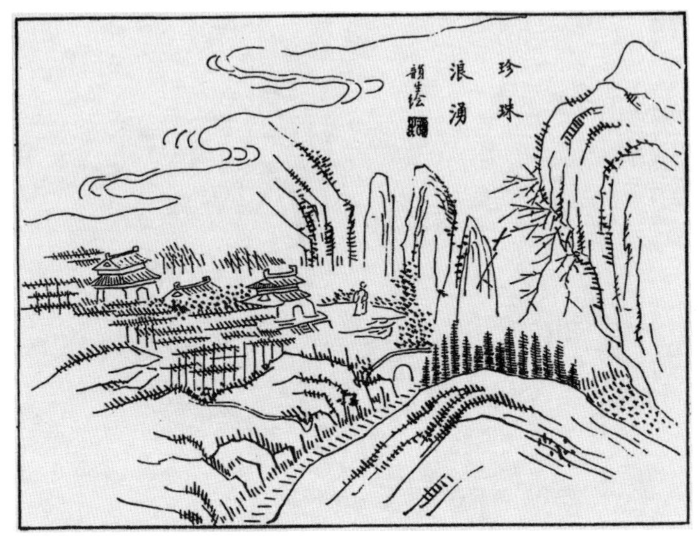

附图07-47 珍珠浪涌

附图07-48 落星名岗

附录8

民国时期常盘大定、关野贞所拍摄的南京园林名胜照片(图片来源:《中国文化史迹》)

附图08-1 牛首山宏觉寺大塔

附图08-2 鸡鸣寺

附图08-3 鸡鸣寺

附图08-4 祖堂山幽栖寺

附图08-5 中山陵

参考文献

书籍：

［1］释慧皎.高僧传［M］.北京：中华书局，2023.

［2］周应合.景定建康志［M］.南京：南京出版社，2009.

［3］周晖.金陵琐事·续金陵琐事·二续金陵琐事［M］.南京：南京出版社，2007.

［4］葛寅亮.金陵梵刹志［M］.南京：南京出版社，2011.

［5］杨新.文徵明精品集［M］.北京：人民美术出版社，1997.

［6］甘熙.白下琐言［M］.南京：南京出版社，2007.

［7］顾云.盋山志［M］.南京：南京出版社，2009.

［8］陈作霖，陈诒绂.金陵琐志九种［M］.南京：南京出版社，2008.

［9］余宾硕.金陵览古［M］.南京出版社，2009.

［10］陈邦贤.栖霞新志［M］.上海：商务印书馆，1934.

［11］陈文述.秣陵集［M］.南京：南京出版社，2009.

［12］周维权.中国古典园林史［M］.北京：清华大学出版社，1990.

［13］汪菊渊.中国古代园林史［M］.北京：中国建筑工业出版社，2006.

［14］ 朱钧珍.中国近代园林史:上篇［M］.北京:中国建筑工业出版社,2012.

［15］ 朱钧珍.中国近代园林史:下篇［M］.北京:中国建筑工业出版社,2019.

［16］ 刘敦桢.苏州古典园林［M］.北京:中国建筑工业出版社,2005.

［17］ 陈从周.扬州园林与住宅［M］.上海:同济大学出版社,2018.

［18］ 杨鸿勋.江南园林论［M］.上海:上海人民出版社,1994.

［19］ 赵媛.江苏地理［M］.北京:北京师范大学出版社,2011.

［20］ 江苏省地质矿产局.宁镇山脉地质志［M］.南京:江苏科学技术出版社,1989.

［21］ 南京市地方志编纂委员会.南京水利志［M］.深圳:海天出版社,1994.

［22］ 苏则民.南京城市规划史稿　古代篇·近代篇［M］.北京:中国建筑工业出版社,2008.

［23］ 张益晖,张艳玲.中国通史［M］.北京:中国画报出版社,2002.

［24］ 南京市地方志编纂委员会.南京园林志［M］.北京:方志出版社,1997.

［25］ 韩淑芳.老南京［M］.北京:中国文史出版社,2018.

［26］ 傅崇兰,白晨曦,曹文明,等.中国城市发展史［M］.北

京:社会科学文献出版社,2009.

[27] 吴伏龙.金陵胜景诗词选译[M].香港:亚洲出版社,1992.

[28] 叶皓.佛都金陵[M].南京:南京出版社,2010.

[29] 邢定康,邹尚.南京历代佛寺[M].南京:南京出版社,2018.

[30] 沈旸,毛聿川,戴成崑.空门寂路:南京佛寺寻访[M].南京:东南大学出版社,2016.

[31] 杨宽.中国古代都城制度史[M].上海:上海人民出版社,2006.

[32] 潘谷西.中国古代建筑史:第四卷　元明建筑[M].2版.北京:中国建筑工业出版社,2009.

[33] 吕晓.图写兴亡:名画中的金陵胜景[M].北京:文化艺术出版社,2012.

[34] 陈从周,蒋启霆.园综[M].上海:同济大学出版社,2004.

[35] 中国第一历史档案馆.康熙起居注[M].北京:中华书局,1984.

[36] 中国第一历史档案馆,台北故宫博物院.清代起居注册·康熙朝[M].北京:中华书局,2009.

[37] 清实录:第六册.[M],北京:中华书局,2008.

[38] 中国第一历史档案馆.乾隆帝起居注:10[M].桂林:广西师范大学出版社,2002.

[39] 中国第一历史档案馆.乾隆帝起居注:21[M].桂林:广

西师范大学出版社,2002.

[40] 中国第一历史档案馆.乾隆帝起居注:24[M].桂林:广西师范大学出版社,2002.

[41] 中国第一历史档案馆.乾隆帝起居注:30[M].桂林:广西师范大学出版社,2002.

[42] 中国第一历史档案馆.乾隆帝起居注:34[M].桂林:广西师范大学出版社,2002.

[43] 童寯.童寯文集:第二卷[M].北京:中国建筑工业出版社,2001.

[44] 江苏省地方志编纂委员会.江苏省志·风景园林志[M].南京:江苏古籍出版社,2000.

[45] 段智钧.古都南京[M].北京:清华大学出版社,2012.

[46] 蒋赞初.南京史话:上[M].南京:南京出版社,1995.

论文:

[47] 夏寒.试论明皇陵、孝陵神道石刻制度的形成[J].中国国家博物馆馆刊,2013(3):54-66.

[48] 刘毅.明代皇陵陵园结构研究[J].北方文物,2002(4):38-47.

[49] 李恭忠.建造中山陵:现代中国的工程政治[J].南京社会科学,2005(6):40-44.

[50] 刘先觉,张鹏斗.中山陵等民国建筑的特色[J].档案与建设,2008(12):33-36.

[51] 马晓,周学鹰.吕彦直的设计思想与中山陵建筑设计

意匠[J].南京社会科学,2009(6):81-86.

[52] 袁蓉.从江南名园到皇家苑囿:瞻园和如园造园艺术初探[J].东南文化,2010(4):115-120.

[53] 马剑斌:秦淮名胜　宅园奇葩:南京“愚园”评介[J].中国园林,1996(2):18-20.

[54] 濮小南.六朝胜迹幕府山[J].南京史志,1998(4):32.

[55] 李理,杨洋.写照盛世　描绘风情:《康熙南巡图》及沈阳故宫珍藏的第十一卷稿本[J].中国书画,2011(6),4-7.

[56] 万新华.地方意识与游冶品评:十七世纪金陵胜景图文形塑探析[J].南方文物,2016(1):235-244,234.

[57] 周安庆.明代画家文伯仁及其《金陵十八景图》册页赏析[J].收藏界,2011(5):101-105.

[58] 王聿诚.《雅游编》:明代“金陵四十景”的源头[J].江苏地方志,2018(1):90-92.

[59] 程章灿,成林.从《金陵五题》到“金陵四十八景”:兼论古代文学对南京历史文化地标的形塑作用[J].南京社会科学,2009(10):64-70.

[60] 陈宁骏.李渔与芥子园[J].江苏地方志,2011(4):56-58.

[61] 罗建伦.华林园宴饮赋诗考[J].吉林师范大学学报(人文社会科学版),2011(2):21-25.

[62] 胡运宏.六朝第一皇家园林:华林园历史沿革考[J].中国园林,2013(4):112-114.

[63] 彭泽益.清代前期江南织造的研究[J].历史研究,

1963(4):91-116.

［64］刘盛.康熙中晚期的江南三织造[J].史学集刊,1991(4):53-58.

［65］金戈.胡家花园的百年沧桑[J].江苏地方志,2012(6):44-47.

后记

在中国古都体系之中，南京具有独特的性格和地位。南京的建都时间长，历史上有十个政权在此建都，这在中国古都中是比较少见的。其次，南京地处长江边，背倚钟山，山湖相接，在城市空间形态上，具有规整性和有机性双重特征，是都城空间理念与自然山水地貌相结合的产物。在文化上，南京虽然地处江南，然而兼容并蓄、厚积薄发，孕育了独特的金陵文化。

我在北方长大，自小受黄淮文化的熏陶。1990年，我随父母搬迁至南京。除了有六年时间在外学习、工作以外，迄今居住在南京已逾27年。在这里，我经常游览玄武湖、夫子庙、中山陵、颐和路、栖霞山，不仅感受到山水灵气的滋养，也被南京深厚的历史文脉所打动。

经历过工作的变动，最终在钟山下的南京林业大学执教。每天，我可以从办公室望见钟山山脊，走出学校西门即是玄武湖湖滨路。在这山湖之间的象牙塔中，自然而然萌生了为南京的风景园林作史立传的想法。

多年来的耳濡目染，使我对南京的大街小巷、历史环境有一些基本的体会。平时教学之中，我也经常会布置学生做一些南京公园绿地考察的课题。2016年,我曾经出版过四卷本《江苏园林图像史》,其中的第一卷“南京卷”,是对南京的园林历史图像进行的梳理。近几年补充了相关的历史文献,增加了新出现的图像史料,分纲列目,抓大放小,希望能梳理出南京园林史的基本脉络和面貌特征。

在本书付梓之际,我有几点感触。首先,特别感谢这一方水土。作为生命历程中最重要的地方,南京的气质已经融入我的日常体验之中,这也是我为南京山水园林立传的根本原因。其次,感谢我工作的单位南京林业大学,为本书的出版提供了经费支撑。同时也感谢南京大学出版社编辑在文字校对、编排方面付出的心血。正是南京大学出版社的推荐,本书得以入选江苏省“十四五”时期重点出版物出版专项规划项目,这不仅是对本书的肯定,也鞭策我持续地在中国园林历史文化领域深耕,不断产出精品成果。

是为记。

许　浩

2023年9月12日写于南京林业大学南山楼